DANS LA PEAU D'UN DAUPHIN

FABIENNE DELFOUR

Avec la collaboration de Xavier Müller

DANS LA PEAU D'UN DAUPHIN

Flammarion

ISBN : 978-2-0804-1672-8

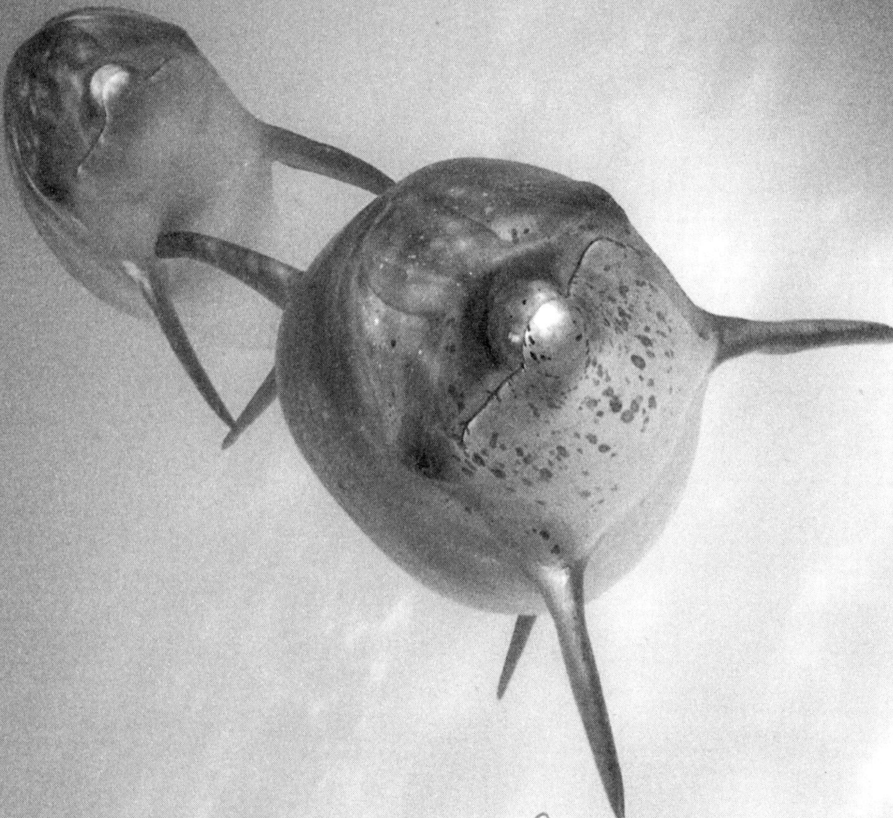

PROLOGUE

QUE SE PASSE-T-IL DANS LEUR TÊTE ?

Bahamas, été 2000

Ils sont là ! Ils remontent doucement vers moi, se détachant lentement du fond sablonneux. Ils s'approchent, me frôlant presque. Immergée dans les eaux chaudes et turquoise, je retiens mon souffle. Nos regards se croisent. Le temps s'arrête.

Depuis le bateau, nous avions repéré une dizaine de dauphins tachetés progressant au large. À l'approche du catamaran, trois d'entre eux étaient venus à l'étrave. Ils s'étaient déroutés pour nous rejoindre et nous avaient accompagnés pendant plusieurs minutes, un signe indiquant que notre présence les intriguait. Le capitaine avait ralenti tandis que les dauphins nageaient autour de la coque, comme s'ils nous acceptaient et nous attendaient. Nous avions alors plongé sans bruit à leur côté.

À travers la vitre de mon masque, j'en compte maintenant une quinzaine. C'est un groupe composé d'adultes et de jeunes. Je le sais, car, en prenant de l'âge, les dauphins tachetés se couvrent de petites traces pigmentaires blanches, grises et noires. J'entends des sons ressemblant à des bisous mouillés, sans savoir quel individu les émet. Un fort courant m'oblige à palmer vigoureusement – tant d'efforts pour réussir à ne faire que du surplace ! Les dauphins, eux, progressent avec une facilité déconcertante. J'envie leur puissance et leur élégance qui confine à la grâce. Même si ce n'est pas la première fois que je nage avec ces mammifères marins, la scène qui se présente à moi est différente, et je sais que de nombreuses autres plongées suivront.

Le jour où cette lucarne vers une beauté insoupçonnée s'entrouvre en moi aux Bahamas, je ne suis qu'une jeune chercheuse qui vient tout juste de mettre un pied dans les eaux troubles de la science. J'ai soutenu ma thèse de doctorat il y a à peine deux ans : aux yeux de mes pairs, je ne suis encore qu'une « bleue ». Je ne suis rattachée à aucun laboratoire, j'ai terminé mon post-doc à Hawaï. Un bouchon de liège flottant sur l'océan, dirais-je en filant la métaphore. Je suis notamment saisie d'interrogations sur mon avenir. Vers quel domaine de recherche vais-je m'orienter ?

Je n'avais pas vraiment envisagé que les dauphins puissent en être l'objet. Ma relation avec eux se distinguait à peine de celle qu'entretient le commun des mortels à leur égard, à savoir une vision à la fois naïve et conforme aux standards rapportés par les livres et les documentaires animaliers. Enfant, je me passionnais pour l'observation des animaux et je voulais étudier… les éléphants. Mon second choix était les dauphins. Disons que je faisais partie de la génération du film *Le Grand Bleu* : des dauphins émanaient un romantisme et un esthétisme, mais aussi un mystère auxquels je n'étais pas insensible. Jusqu'à ce que je fasse cette rencontre du troisième type dans les eaux chaudes de l'archipel.

Tout à coup, face à ce groupe de dauphins, ces êtres aquatiques m'apparaissaient dans toute leur richesse. Ils formaient une « microsociété », et une infinité de questions traversaient l'esprit curieux et affamé de la jeune chercheuse que j'étais. Comment font les mammifères marins pour maintenir une structure sociale ? Élever leurs jeunes ? Se nourrir et se déplacer dans un environnement sombre et très souvent turbide ? Comment les adultes apprennent-ils aux jeunes à chasser ? À socialiser ? Est-il possible d'identifier des caractères différents chez ces animaux ?

Homo delphinus *?*

J'étais confrontée à un monde venu d'ailleurs, semblait-il, et il avait suffi que j'évolue quelques instants à sa frontière pour être assaillie par toutes ces interrogations. J'étais submergée par une vague intérieure qui, je le pressentais, me porterait pour le reste de ma vie professionnelle : j'allais étudier les dauphins ! Comprendre qui ils sont. Décrypter leur communication. M'immerger littéralement à leurs côtés.

Plus de vingt ans après ce jour décisif dans ma carrière, cette intuition de me trouver au seuil d'un univers gigantesque ne s'est jamais démentie. Les dauphins ont conquis nombre de mers et d'océans de par le monde. À notre connaissance, ils ont une vie sociale sophistiquée, similaire à la nôtre. Dans ce sens, le dauphin est trop souvent considéré comme ce qui ressemblerait le plus aux êtres humains si nous vivions dans l'eau. Il existerait une grande proximité avec l'espèce humaine, à la fois dans la diversité des tempéraments et les relations que les dauphins nouent entre eux. Prenez n'importe quel trait de personnalité humain, et vous pouvez être à peu près sûr d'en trouver un analogue chez ces mammifères marins.

Des exemples ? Pêle-mêle, les dauphins peuvent être optimistes, grognons, solitaires, altruistes, maternels (rarement paternels), farceurs, imaginatifs et aussi… tout le contraire. Leur mode de vie veut que les jeunes quittent leur mère après avoir vécu avec celle-ci une relation souvent fusionnelle de deux ans. Or certains individus, moins indépendants que les autres, vivent encore auprès de leur génitrice à l'âge de dix ans, tels de vrais Tanguy !

Comme nous, ils éprouvent des joies et des peines. J'ai vu une femelle nommée Beauty renfermée, refusant le contact humain, se métamorphoser soudain le jour où elle a eu un bébé, s'épanouissant (certes en gardant son fort caractère) et devenant l'un des dauphins auxquels je me suis le plus attachée, parmi tous ceux que j'ai connus. Sensibles à la mort, les dauphins traverseraient un épisode de deuil quand survient le décès d'un congénère dont ils étaient proches.

Car oui, au sein des groupes dans lesquels ils évoluent, les dauphins mâles forment souvent des paires amicales, du même sexe. Il semblerait même que le lien entre les deux dauphins soit renforcé lorsque chacun des individus exprime des traits de caractère proches. Leurs similitudes souderaient leur relation. Toute ressemblance avec des gens de votre entourage serait purement fortuite !

Une dernière similarité avec nous, et non des moindres : les dauphins portent des noms au moyen desquels ils s'interpellent. Vous avez bien lu, des noms.

Si ce qui nous rapproche d'eux continue aujourd'hui de m'éblouir, ce qui nous en distingue est tout aussi surprenant et intéressant. Doués d'une « vision » singulière leur permettant de voir à l'intérieur d'une boîte fermée, ce sont aussi des champions d'apnée capables d'étourdir une proie à l'aide d'un marteau sonore. À nos yeux d'humains, ils auraient presque des superpouvoirs. Ils pratiquent aussi l'éducation sexuelle et érigent des pièges à poissons en soulevant des nuages de boue avec leurs nageoires caudales.

Un parcours unique

Aussi étonnant cela soit-il, il n'existe aucun ouvrage moderne faisant le point sur ce que la science a appris des dauphins. Il faut dire qu'il y a trente ans, quand j'étais étudiante dans une université toulousaine, il n'existait pas de véritable formation digne de ce nom pour devenir « cétologue », c'est-à-dire spécialiste des cétacés. Ma génération de chercheurs n'a eu comme professeur que l'expérience du terrain. Si, avec le recul, nos vies professionnelles à tous ont été jalonnées d'opportunités saisies, de projets avortés et de rencontres fructueuses, nous avons suivi des parcours beaucoup moins rectilignes que ceux empruntés par les jeunes scientifiques de nos jours.

J'ai dû batailler dur pour me faire une place dans la communauté scientifique, qui jetait un regard un peu dédaigneux sur ces animaux, de sorte que mon parcours est, à mon corps défendant, toujours unique en France. Il n'était guère facile de s'imposer quand on était une femme indépendante désireuse d'étudier les dauphins. J'ai dû trouver des moyens détournés pour réaliser mes expériences et approfondir mes connaissances sur les cétacés. J'ai notamment été directrice scientifique au delphinarium du Parc Astérix, tout en continuant mes activités de recherche sur les dauphins, les baleines à bosse et les cachalots. Heureusement, les temps ont changé. Aujourd'hui, je donne des cours dans plusieurs universités (y compris aux Beaux-Arts), je suis heureuse d'encadrer de nombreux travaux de recherche d'étudiants et de donner des conférences dans le monde entier. Il faut croire que l'étude des mammifères marins a gagné en respectabilité.

Immergée avec les dauphins

Lorsque s'est produit mon moment d'épiphanie aux Bahamas, j'avais déjà étudié d'autres mammifères marins, bélougas, orques et grands dauphins. Un apprentissage dont j'avais retenu une leçon : prendre des clichés depuis un bateau et enregistrer simultanément leurs productions sonores ne me satisfaisaient pas totalement. J'avais besoin de voir les animaux sous l'eau pour observer leurs comportements. Il me fallait les côtoyer pour les comprendre – bref, vivre de telles expériences dans ma chair.

L'immense bénéfice que procurent les immersions avec des cétacés ? Elles vous replacent dans la chaîne alimentaire. Tout à coup, vous n'êtes plus à son sommet. Des années après mon séjour aux Bahamas, je me suis sentie minuscule et vulnérable quand je me suis retrouvée à flotter à la surface d'une fosse océanique de plus de 4 000 mètres de profondeur, à plusieurs kilomètres au large de l'île Maurice, dans l'océan Indien, espérant que les cachalots que nous avions repérés depuis quinze bonnes minutes refassent surface non loin de nous. Un autre jour, j'ai connu une certaine appréhension quand la baleine à bosse d'une bonne trentaine de tonnes que j'observais, immobile, à quelques mètres au-dessous de moi, a disparu soudainement, me laissant dans le bleu au large des côtes réunionnaises.

Pour finir, j'ai été très surprise quand, filmant un groupe de dauphins tachetés aux Bahamas et distraite un instant par mon matériel, j'ai relevé la tête pour constater que la demi-douzaine de dauphins avait disparu et que je faisais face… à un requin-marteau. Tous ces moments d'une rare intensité incitent à réfléchir à notre place dans l'écosystème et à repenser, voire renouveler, notre relation au vivant. Oui, étudier les cétacés vous remet à votre juste place dans le monde et dans ce vaste réseau d'interdépendances de la biodiversité.

C'était déjà avec cette conviction chevillée au corps que j'étais partie aux Bahamas pour y rejoindre Denise Herzing, une chercheuse à la fois passionnée et généreuse, pionnière de l'étude des dauphins, qui m'avait invitée à bord de son catamaran transformé en station de recherche. Elle avait tant navigué dans ces eaux chaudes, au milieu des dauphins vivant au large des îles où nous mouillions, qu'elle les connaissait individuellement ! Elle les identifiait grâce à la forme et à la taille de leurs nageoires dorsale et/ou caudale et aux marques sur leur corps : des cicatrices, des morsures, des pigmentations de peau particulières...

Ce que j'ignorais ce jour-là, quand j'ai plongé avec Denise pour observer les dauphins tachetés qu'elle connaissait si bien, c'est que notre franche collaboration durerait jusqu'à aujourd'hui, et que nous deviendrions non seulement des collègues de travail, mais aussi de grandes amies partageant bonheurs et peines, professionnels et privés. Nous créerions ensemble une interface pour étudier une possible communication homme-dauphin, participerions à des séries documentaires, apparaîtrions dans *National Geographic* sous l'œil bienveillant du photographe Brian Skerry – il nous immortaliserait dotées du dispositif d'enregistrement des vocalisations des dauphins, conçu par Denise et son équipe. Je ne savais pas non plus que ma collaboration avec Birgitta Mercera, la responsable du delphinarium au Parc Astérix, nous amènerait à réaliser plusieurs premières mondiales en cétologie (première échographie cardiaque d'un dauphin, mise au point d'un dispositif pour identifier le dauphin qui émet des clics et études des émotions de ces animaux), et que nous deviendrions très proches.

Plonger dans leur vie mentale

Soudain, autour de moi, les dauphins tachetés ont commencé à s'agiter. Ils ont fait volte-face et se sont éloignés. Il avait suffi qu'ils accélèrent un peu pour nous distancer. Ce faisant, ils signaient la fin de notre mise à l'eau : ils avaient mis un terme à notre rencontre, et nous respections leur choix. Je suis remontée à bord du bateau avec le reste de l'équipe, quittant avec regret ces mondes « delphiniens » qui m'avaient littéralement ensorcelée.

Au fil des années, j'ai eu l'opportunité de plonger dans le sillage de plusieurs représentants de la grande famille des delphinidés, qui regroupe une trentaine d'espèces. Qu'ils vivent à Hawaï, à la Réunion, en Guadeloupe ou au Sri Lanka, les dauphins posent les mêmes questions à quiconque a la chance d'être un témoin éphémère de leur passage.

À travers mes propres pérégrinations et grâce à mes travaux de recherche et à ceux d'autres chercheurs, je vais tenter de répondre à ces questions. J'ai toujours nagé aux côtés des dauphins guidée par une seule boussole, un seul point de fuite : comprendre leur monde, leur ressenti. C'est pourquoi, au fil des chapitres, nous nous enfoncerons davantage dans ce que peut être leur intimité, leur vie mentale. Nous déconstruirons ensemble l'image romantique des dauphins pour renaturer ces animaux ! Un processus indispensable si l'on veut les comprendre et les protéger comme ils le méritent. En résumé, nous tenterons ensemble de nous glisser dans leur peau et dans leur tête !

L'immersion commence.

PARTIE I

DANS LA PEAU D'UN DAUPHIN

UN MAMMIFÈRE SOCIAL DANS L'OCÉAN

UN POUR TOUS, TOUS POUR UN

Hawaï. Après presque une heure de route, le temps de traverser l'île d'Oahu d'est en ouest, nous sommes enfin arrivées dans la baie où les dauphins à long bec ont pris l'habitude de se reposer, à la fin de leur chasse nocturne. Au fil des années, j'ai passé tant de temps dans une combinaison de plongée que c'en est presque devenu une seconde peau. Pour entrer dans l'intimité d'un animal, on peut monter des expériences, établir des protocoles, mais tout commence véritablement par l'observation. Ce jour-là, je suis avec ma mère, venue me rejoindre sur cette île si loin de la France. C'est important pour moi qu'elle comprenne ce que je fais et pourquoi je suis si souvent absente.

Mon amie Suchi est présente également. Elle est américaine, mais vit depuis des années sur l'île, où elle étudie les dauphins à long bec dans une association de protection de la nature. Elle me ressemble physiquement : petite, cheveux bruns courts et épaules carrées de nageuse. De tempérament aussi. Elle est aussi discrète, peu loquace et peu expansive que moi. J'apprécie sa compagnie en partie pour ça. Suchi est déjà en train de s'équiper, ce qui se résume à enfiler une combinaison, des palmes, un masque et un tuba.

Le soleil commence à darder ses premiers rayons quand Suchi nous annonce avoir repéré un groupe de dauphins plus au nord. Ils ne tardent pas à arriver, progressant à allure modérée. Quasi invisibles, ils laissent juste dépasser de la surface leurs dorsales qui se confondent avec le sommet des vagues. Au loin, leurs respirations brisent le silence, elles sont brèves et régulières, mais pas explosives – signe qu'ils ne sont pas énervés ou frustrés. Observant les dauphins depuis la plage, nous décidons de nous immerger. Nous avons un peu de temps devant nous avant que les bateaux de touristes venant d'Honolulu ne crachent leurs régiments de nageurs criards.

J'ai appris à progresser dans l'eau sans bruit. Mes inspirations et expirations sont fluides et silencieuses, et je m'applique à ce que mes mouvements ne créent pas de remous en surface. L'océan est clair, la visibilité bonne. En levant régulièrement la tête hors de l'eau, je me situe par rapport au groupe de dauphins à long bec, et rapidement j'anticipe leurs déplacements.

Bientôt, Suchi et moi les attendons en restant immobiles dans cette baie protégée des vents et au fond sablonneux. Des tortues vertes, plutôt communes dans le coin, nous regardent à distance, tout en progressant vers une destination qui demeurera inconnue. Des dauphins à long bec passent à nos côtés les yeux mi-clos, tandis que d'autres s'écartent du groupe pour nous approcher.

Quand le groupe des mères et des jeunes nous a devancées, nous décidons de suivre une petite bande d'adultes en queue de cortège. Nous calquons notre rythme de nage sur le leur. Ils avancent toujours les yeux mi-clos – nous ne les dérangeons pas. J'observe les dauphins qui m'entourent, note comment certains nagent de façon synchrone, comment ils se frôlent ou se caressent d'une nageoire pectorale tendue. Soudain, je lève les yeux et vois Suchi qui sourit. J'ai compris : nos guides marins nous ont déplacées à l'intérieur du groupe. Nous ne sommes plus seulement avec des adultes, mais entourées de mères et de leurs petits. Comme si nous avions franchi le seuil invisible d'une nurserie.

Peu de temps après, Suchi m'indique l'arrivée redoutée des bateaux. Il est temps de repartir. Je réalise alors que je n'ai pris aucune photographie. J'ai totalement oublié, happée que j'étais par l'intensité du moment. Nous rejoignons ma mère restée sur la plage. « Vous venez de passer presque deux heures en mer ! » nous apprend-elle. Sans la soif qui commence à me tenailler, jamais je n'aurais eu idée de la durée écoulée. J'empoigne une serviette dans mon sac pour me sécher, l'esprit encore avec les dauphins. En ralliant les mères et leurs petits, j'ai eu l'impression de passer de la périphérie au centre du groupe, mais n'était-ce pas une illusion ? Les groupes seraient-ils structurés dans l'espace comme j'en ai été témoin ?

Poupées russes aquatiques

Il existe beaucoup d'espèces marines qui vivent en groupes ou en bancs. Songez à ces armadas de thons que les chalutiers prennent dans leurs filets. Ou aux carangues, qui s'amassent en spectaculaires « tornades de poissons » pour réaliser leur parade nuptiale. Les dauphins à long bec évoluent eux aussi dans des groupes de taille conséquente où interagissent plusieurs dizaines d'individus, parfois plus d'une centaine. Mais, contrairement à ce que l'on pourrait penser, les individus ne semblent pas dispersés au hasard dans ces rassemblements. À quelles règles sociales les dauphins obéissent-ils pour ne pas sombrer dans l'anarchie lorsqu'ils progressent ? Voilà la question à laquelle j'espérais trouver une réponse à Hawaï.

J'étais loin d'être la première à m'interroger sur le sujet. Déjà, en 1991, les Américains Karen Pryor et

Kenneth Norris décrivaient les sociétés de delphinidés et leur structure spatiale dans un ouvrage qui avait fait date, devenant « la » référence pour de nombreux cétologues de ma génération. Le tableau brossé par les deux biologistes ? Dans une phase de repos ou lors d'un déplacement calme, c'est-à-dire quand les animaux ne fuient pas un prédateur ou ne cherchent pas à brusquement éviter une source de nuisance (un bateau ou un nageur impétueux), les mâles adultes évoluent à la périphérie du groupe. On les trouve aussi en tête et en queue de cortège.

Si l'on pénètre au cœur de la formation, on croise d'abord des subadultes (des animaux proches de la maturité sexuelle), qui côtoient des femelles adultes. Enfin, au centre du groupe se trouve la « nurserie », c'est-à-dire les femelles suivies par leur progéniture. Mères et petits y sont proches et ont des contacts tactiles fréquents. Au contraire, les mâles à la périphérie sont distants. Rien ne l'assure à 100 %, mais ce sont probablement eux qui donnent l'impulsion générale au groupe, qui tiennent le gouvernail.

À Hawaï, Suchi et moi nagions à vitesse constante. Nous ne nous étions pas immiscées parmi les dauphins, c'étaient eux qui nous avaient peu à peu amenées au centre de la formation, au sein de la nurserie. Je pense que c'est la seule et unique fois où j'ai vraiment « vécu » l'agencement spatial d'un groupe de dauphins. Cela a été sans doute possible parce que nous étions dans une rencontre longue et calme ; j'étais en outre accompagnée de Suchi, qui étudiait ce groupe de cétacés depuis plusieurs années. Je ne doute pas un instant que les dauphins l'avaient reconnue et identifiée comme une présence non dérangeante et bienveillante.

Une autre raison a peut-être présidé au privilège que j'ai connu ce jour-là : les dauphins à long bec constituent des groupes plus importants que les autres dauphins que j'étudie, à savoir les grands dauphins, les dauphins de l'Indopacifique ou les dauphins tachetés. Il est donc plus fréquent d'observer ces organisations spatiales d'individus chez des espèces de delphinidés qui vivent et se déplacent dans des groupes de taille significative.

Justement, jusqu'à quelle taille s'élèvent ces groupes ? Eh bien, les dauphins à long bec forment des rassemblements de plusieurs centaines d'individus ! La navigation de ces vastes groupes sur de longues distances se fait non sans règles et rappels à l'ordre. Lorsque ces cétacés terminent une phase de repos et se trouvent donc en phase d'éveil, ou lorsqu'ils changent de direction, des dauphins exécutent des vrilles aériennes à la périphérie, en amont et en aval du groupe. Ces comportements aériens bornent en quelque sorte l'étendue du peloton et indiquent la direction de sa progression. Mais pourquoi des vrilles ?

Dans les années 1990, des cétologues américains ont émis l'hypothèse que ces comportements aériens constituaient non seulement de bons marqueurs visuels pour le groupe, mais qu'ils pourraient aussi créer des signaux acoustiques forts. En effet, après leur saut, les dauphins retombent dans l'eau avec fracas, produisant une gerbe de bulles d'air. Ce panache érige une sorte de mur acoustique, constitué de milliers de petites bulles d'air que les congénères perçoivent grâce à leur sonar fonctionnant par écholocalisation. Un bon moyen de localiser la frontière du groupe.

Amis pour la vie

Il existe d'autres regroupements à plus petites échelles au sein des groupes de dauphins. Sans dimorphisme sexuel marqué chez l'espèce, il est difficile de savoir si on a affaire à des mâles ou à des femelles quand on nage au milieu de dauphins à long bec. Ces cétacés présentent une coloration particulière, gris foncé ou noire sur le dos et plus claire sur la partie ventrale ; parfois, leurs yeux et leur rostre sont soulignés d'un épais trait noir. Ils sont plus fins, plus élancés que les grands dauphins et possèdent une nageoire dorsale triangulaire, en forme de faucille, caractéristique de l'espèce. En queue du groupe, j'avais noté la présence d'individus affichant une protubérance ventrale, caractéristique des mâles de cette espèce en période de reproduction. J'avais été frappée par le fait qu'ils évoluaient isolés ou en dyades, c'est-à-dire en binômes. Chez les grands dauphins, les mâles forment des dyades ou, rarement, des trios. C'est ainsi, les cétacés s'associent préférentiellement avec des membres du même sexe.

Chez les grands dauphins, les mâles de ces binômes (ou trinômes) repèrent leur « copain pour la vie » au cours de leur enfance ou de leur adolescence. Ce dernier est généralement issu d'une famille différente. Lorsque l'on s'immerge avec des dauphins, il est facile de repérer ces alliances masculines : deux, très rarement trois, mâles vont et viennent, gardant une certaine proximité et se jetant régulièrement des coups d'œil appuyés. En période de reproduction, ils coopèrent ainsi pour trouver des femelles en œstrus.

Ces alliances sont une force, bien sûr, mais malheureusement elles peuvent aussi être une source de vulnérabilité. Dans une dyade, si l'un des membres meurt, l'autre se retrouve très seul. Il est rare qu'une dyade déjà constituée depuis longtemps intègre le dauphin esseulé restant, qui, dès lors, est condamné à errer à la périphérie des groupes de femelles ou de jeunes mâles. L'orphelin en amitié ne retrouvera des partenaires sociaux masculins que lors de la constitution d'alliances d'un niveau supérieur. En effet, les sous-groupes de dauphins s'associent entre eux pour former des ensembles plus grands, comptant jusqu'à une quinzaine d'individus, qui œuvrent de conserve pour se reproduire, pour défendre les femelles et combattre d'autres formations d'alliances de deuxième ordre. Il arrive donc que des alliances de troisième ordre apparaissent. Un vrai *Game of Thrones* sous l'eau !

Suivre la genèse des dyades de mâles en milieu naturel est délicat. Seuls des programmes de recherche sur le long terme l'autorisent. Je pense aux études menées par Denise Herzing, mon amie des Bahamas, qui suit une communauté de dauphins tachetés depuis plus de trente ans et qui travaille sur la compréhension de leur langage et de leur organisation sociale, ou encore aux travaux qui ont mis en évidence l'existence de cultures chez les grands dauphins. Cela exige d'être capable d'identifier les individus grâce à leurs marques corporelles distinctes (cicatrices, colorations spécifiques, amputation d'une partie de leur corps…) et surtout de pouvoir les observer de manière répétée plusieurs années durant.

Le suivi est plus aisé en parcs zoologiques. Au delphinarium du Parc Astérix, avec la responsable animalière Birgitta Mercera et son équipe de soigneurs, nous avons remarqué que les jeunes mâles présentant des tempéraments proches avaient tendance à s'associer. Les enregistrements vidéo ont montré que trois mâles juvéniles, Aïcko, Galéo et Ekinox, passaient beaucoup de temps ensemble à jouer, mais aussi à coopérer dans leurs bêtises ou l'exploration de l'environnement. Ils formaient un petit trio turbulent, quoique soudé, sous l'œil vigilant de leurs mères. Il n'était pas rare de les voir embêter, par leurs sollicitations pressantes, un jeune mâle subadulte lorsque, leur préférant les femelles, il les délaissait, tentant de le ramener à leurs jeux ; de les observer subtiliser avec hardiesse les poissons que les adultes n'avaient pu saisir lors des nourrissages ; ou encore d'essayer de cacher des objets tombés dans leur bassin dans les bouches d'arrivée d'eau et dans le système de filtration du bassin !

Bien sûr, l'âge joue un rôle important dans la constitution des duos ou trios de mâles. Balasi, un jeune adolescent proche d'un mâle adulte, était souvent tenté de rejoindre les juvéniles dans leurs facéties. Le jeu et la découverte sont les ciments d'une entente durable. Pour nous comme pour les dauphins.

Autres lieux, même importance prise par l'étoffe des relations sociales. En Australie, l'équipe de Janet Mann et Richard Connor a montré que les mâles bâtissent des alliances qui renforcent leurs liens. Depuis plus de trente ans, ils suivent le destin d'une communauté de grands dauphins et ont ainsi mis en évidence l'existence de vastes réseaux sociaux chez les mâles. Dans une de leurs multiples études, ils ont sélectionné les sifflements signatures de plusieurs mâles et les ont diffusés à d'autres mâles, avec qui ils avaient plus ou moins d'interactions. Résultat ? Les mâles ont réagi de manière forte et intense aux sifflements signatures des individus avec lesquels ils avaient poursuivi ou défendu des femelles. C'est leur histoire commune, celle d'une coopération passée, qui les poussait à répondre, démontrant ainsi que ces dauphins sont capables de classer leurs alliances ou coalitions masculines en fonction de l'investissement coopératif de leurs compagnons.

Autre observation singulière faite sur cette communauté de grands dauphins : les mâles intégrés au sein d'alliances composées d'individus avec qui ils entretiennent peu de contacts de proximité émettent beaucoup de sifflements dirigés les uns vers les autres, contrairement à ce qu'on pourrait croire de prime abord (il semblerait plus naturel de penser que le blabla est encouragé par la camaraderie…). En fait, ces échanges vocaux permettraient aux mâles de garder le contact et d'entretenir leur alliance, ce qui est vital pour eux. Les auteurs de l'étude proposent de comparer ces causeries au « toilettage social » des primates non humains, qui lui aussi renforce les liens sociaux.

Des clans à toute épreuve

Quid des femelles ? Développent-elles aussi des amitiés à vie ? À l'inverse des mâles qui forment des alliances sur le long terme, les femelles, elles, tissent des réseaux sociaux lâches, en compagnie d'autres femelles d'âge et de parenté variables. Elles sont dites d'une grande *tolérance sociale* par la communauté scientifique. Personnellement, j'ai néanmoins l'habitude de les dépeindre comme des « opportunistes sociales ». J'entends par là que leur réseau social est très fluide et plastique. Un sacré atout !

Un même individu pourra, au cours de sa vie, passer plusieurs fois de presque solitaire à très grégaire. Par exemple, si une femelle gestante donne naissance à un petit en bonne santé, elle nagera et restera en compagnie d'autres mères. Si elle perd son bébé, en revanche, elle repartira dans le groupe des femelles non suitées (c'est-à-dire non suivies par un petit). Aucune cloison ne sépare les groupes. Les individus s'adaptent avec facilité aux changements brusques survenant dans leur communauté.

Plus généralement, l'écologie comportementale (la discipline qui étudie les comportements des animaux et leur évolution principalement en milieu naturel) appelle ce type d'organisation sociale à géométrie variable une « société de type fusion-fission ». Il s'agit d'un regroupement d'individus dont la taille et la composition varient en fonction de l'environnement, de la situation, de l'identité et du statut reproducteur des individus. Dans ces sociétés, les individus peuvent par exemple se regrouper pour dormir ou se diviser en sous-groupes pour chasser. Ce qui caractérise une société de type fusion-fission, c'est la constante évolution de la composition, de la taille des sous-groupes et de la dispersion des individus dans les différents groupes. Les avantages à vivre en groupe sont nombreux : coopérer, être plus fort pour contrer les prédateurs, multiplier les chances de dénicher de la nourriture, par exemple.

Les animaux vivant en groupe organisent leur vie sociale de différentes manières. Il peut s'agir de bandes anonymes constituées d'individus qui ont été poussés par certains événements à se côtoyer temporairement, mais aussi de sociétés animales caractérisées par des relations durables et individualisées entre les membres qui les composent. Dans les sociétés animales de type fusion-fission, chez les chimpanzés, les éléphants ou les chauves-souris, la taille des groupes recherchant de la nourriture ou une zone de repos va dépendre de l'âge des individus, de leur nombre ou des ressources présentes, par exemple. Chez les dauphins, c'est la même chose ! Il est ainsi possible d'observer pendant plusieurs mois des groupes de 3 ou 4 femelles, suitées par leurs bébés, côtoyant une poignée de congénères adultes mâles et femelles, et seulement pendant quelques jours des groupes de plus de 50 individus. Ce sont des sociétés dont l'organisation est extrêmement fluide : il n'y a pas de chef de harem qui prend le contrôle de groupes de femelles venues se reproduire, comme c'est le cas à terre chez des éléphants de mer.

Parmi toutes les espèces que j'ai étudiées, les grands dauphins sont de très bons représentants de la société de fusion-fission. Même s'ils vivent dans des unités sociales ne dépassant pas une dizaine d'individus, souvent moins (entre 4 et 9), ils forment des agrégations temporaires d'une centaine d'individus. Dans ces regroupements, il est fréquent d'observer des comportements de reproduction ou de chasse, notamment. Leur composition change constamment dans le temps et dans l'espace. J'ai pu par exemple m'immerger avec deux dyades de mâles subadultes un matin, pour les retrouver dans l'après-midi nageant avec une douzaine de leurs congénères.

Toutes ces observations témoignent de la grande diversité des comportements produits par une société de dauphins. Leurs interactions révèlent des relations sociales variées, des amitiés animales, des attachements mère-jeune, des compétitions aussi. Demeurent encore de nombreuses questions sur les apprentissages qui s'y déroulent, les savoirs qui se transmettent, les règles de vie pour avoir sa place dans une communauté de dauphins.

N'aie pas peur !

Des années après m'être retrouvée au milieu de la nurserie des dauphins, l'occasion m'a été à nouveau offerte de constater l'importance des liens sociaux que ces animaux tissent. Cette fois-ci, j'étais aux Bahamas, le bateau était ancré près d'une petite épave reposant par 10 mètres de fond. Je profitais des derniers rayons du soleil pour aller à l'eau (même après une grosse journée de travail en mer, nager me détend). Un banc de barracudas, dont certains de taille respectable, croisait à proximité. Ils évoluaient sous le regard attentif d'un groupe de jeunes dauphins tachetés. D'humeur joueuse, les cétacés s'amusaient à effrayer les barracudas, qui fuyaient sous les morceaux épars de la coque de l'épave. Chaque fois que les poissons réapparaissaient, pensant la menace éloignée, ils leur fonçaient à nouveau dessus.

Enhardi par ces jeux de cache-cache, un jeune dauphin quitta sa mère et se joignit au groupe des adolescents, mais, contrairement à ce qui s'était passé jusqu'à présent, l'un des barracudas lui tint tête. Sa couleur argentée avait viré au noir, signe d'agacement profond et de relative agressivité. Le jeune dauphin s'arrêta net et battit en retraite. Les autres adolescents l'entourèrent alors, frottant leurs nageoires pectorales contre lui. J'avais l'impression qu'ils le rassuraient. Je suis à peu près sûre qu'à leur façon, ils lui disaient : « Ça va aller ! N'aie pas peur… »

DES CLICS DANS LE MONDE DU SILENCE

Parc Astérix, au nord de Paris. Le delphinarium comporte trois bassins interconnectés, un à l'extérieur et deux placés sous les gradins qui scindent le premier. À proximité se trouve l'habitat des otaries. Parfois, elles nagent avec les grands dauphins dans le vaste bassin extérieur. Grâce à Birgitta Mercera et à son fort intérêt pour les travaux scientifiques, j'ai étudié les grands dauphins et les otaries de Californie au delphinarium. J'ai adoré travailler pendant plus de quinze ans avec mon amie, qui comprenait pourquoi je désirais monter telle ou telle étude et était une collaboratrice très efficace. Les études que nous menions étaient toujours discutées avec l'équipe. Nourrie par la perspicacité et le savoir-faire des soigneurs souvent mis à contribution, j'ai gagné un temps précieux dans l'élaboration des protocoles.

Siffler pour se présenter

Aujourd'hui, Liya, une jeune femelle âgée de trois ans, quitte la plateforme de l'autre côté du bassin, arrive vers nous à vive allure et siffle. Son corps est lisse, de couleur claire, sans cicatrices ou marques visibles. Liya a des yeux malicieux. Elle est vive et curieuse. Sa soigneuse, Déborah, la récompense en la félicitant et en l'applaudissant, puis d'un geste la renvoie auprès de sa mère et d'un mâle adulte, Cecil.

Pour les besoins de l'expérience, nous avons créé trois sous-groupes. Liya, sa mère Aya et le mâle adulte Cecil en constituent un. Des écouteurs vissés sur les oreilles, je suis la séquence depuis l'un des grands hublots de la galerie souterraine. Grâce à un hydrophone immergé, j'entends parfaitement les vocalisations des animaux.

Un son métallique retentit tout à coup. Cette fois-ci, c'est Aya, la mère de Liya, que Déborah appelle en secouant une petite bouteille plastique emplie de grelots qui s'entrechoquent. Aya nage rapidement vers elle et siffle. Au delphinarium, les soigneurs ont assigné arbitrairement à chaque dauphin un signal d'appel. Pour Liya, il s'agit de deux petites cymbales, et pour Aya de grelots contenus dans une bouteille. Déborah convoque à présent un dauphin d'un autre sous-groupe, qui arrive et repart sous les applaudissements de la soigneuse. Le passage des dauphins est tiré au sort à chaque fois, pour éviter qu'ils n'anticipent leur tour.

Enfin, c'est le tour du mâle adulte Cecil, qui appartient au groupe de Liya. Déborah l'appelle une fois, deux fois... Il ne bouge pas. Je vois la jeune Liya s'agiter à ses côtés. Comprenant parfaitement que nous nous adressons à lui, elle le regarde, tourne la tête vers nous, se tortille, manifestement embarrassée. *Eh-oh, Cecil* ? Pas de réponse. Cette fois-ci, Liya, n'y tenant plus – c'est un membre de son groupe qui est appelé – quitte Aya postée à une trentaine de mètres de nous et rejoint Déborah en silence. Elle n'attend pas de félicitations et repart rejoindre sa mère, Aya et Cecil.

Pourquoi Cecil n'a pas répondu ? Peut-être n'a-t-il pas entendu le signal, ou bien n'a-t-il pas eu envie de répondre ? Mais alors, pourquoi Liya est-elle venue ? A-t-elle voulu répondre « à la place » de Cecil ? Les regards qu'elle lui lançait et ceux qu'elle nous adressait montraient qu'elle avait compris que nous recherchions l'attention de Cecil. Ce dernier appartenait à son sous-groupe de travail. Nous n'avons jamais observé Liya répondre à la place d'un dauphin appartenant à un autre sous-groupe. Ce qui m'intéressait ici, c'était le fait que Liya sifflait quand elle répondait à son signal d'appel, mais qu'elle n'en faisait rien quand elle se manifestait à la place de Cecil. Pourquoi ?

Les signaux d'appel de chaque dauphin sont produits dans l'eau. Quand ils entendent « leur » bruit, ils se présentent près de la source sonore et sont récompensés par leurs soigneurs. Les animaliers disposent ainsi d'un moyen très efficace pour appeler individuellement les cétacés là où ils le souhaitent. Aujourd'hui, toute cette mise en scène n'est nullement gratuite. C'est moi qui ai demandé aux soigneurs d'instaurer ce « jeu ». J'enregistre les vocalisations qui l'accompagnent, guidée par une intuition.

Je veux savoir ce qu'il se passe sous l'eau quand les soigneurs convoquent les dauphins. Comment réagirais-je moi-même dans pareille situation ? Je veux dire, si j'étais hélée de façon répétée par quelqu'un au son d'un bruit arbitraire. La réponse est simple : à un moment donné, je finirais par lui donner mon nom pour qu'il arrête de m'appeler par un bruit de grelots ou je ne sais quoi d'autre !

Mon intuition me souffle que les dauphins font de même et qu'ils produisent leur sifflement *signature*. À l'issue de l'expérience, l'hypothèse se révélera exacte, comme l'analyse des spectrogrammes enregistrés le confirmera (ils indiquent les fréquences mobilisées en temps réel par les sons) : lorsque nous les interpellons, certains dauphins du parc sifflent leur *nom*. À la fin de l'étude, je posséderai ainsi le *nom dauphin* d'Aya et de Liya, de la mère et de la fille.

Les experts du son

L'océan est loin d'être le monde du silence. Les êtres vivants qui le peuplent produisent une grande variété de sons, auxquels s'ajoutent ceux des vagues, de la pluie, du vent et ceux d'origine humaine (trafic maritime, travaux, etc.). Les mammifères marins vivent dans cet environnement « bruyant », très rapidement obscur (au-delà de 50 mètres), où la célérité du son est d'environ 1 500 mètres par seconde (soit quatre fois plus rapide que dans l'air). Autre particularité de l'océan : les sons de basse fréquence s'y propagent plus loin que les hautes fréquences, et la surface y agit comme un « miroir acoustique » renvoyant les sons reçus, tout comme les zones où température, salinité et courant changent.

Pour s'orienter et communiquer dans ce paysage acoustique complexe, les dauphins sont devenus, au cours des millions d'années de leur évolution, des « maîtres ès acoustique ». Ils disposent de toute une palette de capacités terriblement efficaces pour traiter les productions sonores. Ils émettent en particulier des sons continus modulés en fréquence (des sifflements) et des sons impulsifs, des clics. Leur vocalisation sans doute la plus intrigante, pour nous humains, est leur sifflement signature, qui encode l'identité de l'animal.

Il s'agit d'une vocalisation individuelle qui porte en elle des informations relatives à l'appartenance à un groupe familial et une particularité propre à chaque dauphin. En visualisant le spectrogramme d'un sifflement signature (les paramètres importants sont la fréquence fondamentale, ses harmoniques et la durée du sifflement), il est possible d'identifier la famille à laquelle appartient le dauphin. Dit de façon imagée, chaque dauphin porte son nom de famille et son prénom dans sa carte d'identité sonore !

Dans le cas d'Aya et de sa fille Liya, les formes de leur signature sifflée étaient identiques, seule la durée du sifflement semblait varier : il est plus long chez Liya que chez sa mère.

Les deux femelles ont produit leur sifflement signature lorsqu'elles étaient appelées par les soigneurs. Quand Liya a répondu à la soigneuse à la place de Cecil, elle n'a produit aucun son et n'a pas attendu les félicitations de la soigneuse. Comme si elle signifiait : « Je réponds pour lui, mais ce n'est pas mon signal d'appel. » Elle s'est seulement substituée à Cecil quand il ne réagissait pas.

Comment sait-on que le signal sonore émis par un dauphin correspond à un sifflement signature ? La méthode d'identification des signatures sifflées a été mise au point par un groupe de chercheurs basés à l'université de Saint Andrews, en Écosse. Le professeur Vincent Janik et son équipe ont montré qu'il suffisait d'examiner le nombre de répétitions du sifflement et l'intervalle de temps entre chaque répétition pour distinguer un sifflement signature des autres types de sifflement utilisés dans des interactions sociales. Un sifflement sera identifié comme de type « signature » s'il est émis plusieurs fois et que l'intervalle entre deux sifflements varie entre une à dix secondes. Un sifflement répété à un intervalle de vingt secondes est considéré comme étant un sifflement non-signature.

Quand les dauphins utilisent-ils leur signature sifflée ? Ils s'en servent pour se présenter ou pour indiquer leur présence, mais ils émettent aussi celles de leurs congénères, probablement pour les interpeller. Ainsi, les dauphins se salueraient en sifflant ! Des scientifiques ont montré que les sifflements signatures pourraient aussi agir comme un signal de regroupement. En 2016, l'une de mes doctorantes a étudié les sifflements de dix grands dauphins au delphinarium du Parc Astérix, au cours des entraînements avec leurs soigneurs. Elle a noté qu'après les activités, de nouveau réunis, les animaux produisaient leurs sifflements signatures : *Hey, les gars, c'est moi, vous êtes là ?*

Ces sifflements pourraient-ils aider à dénombrer les dauphins en pleine mer ? Face aux menaces actuelles pesant sur la biodiversité et à l'urgence croissante d'évaluer les populations d'animaux marins, des cétologues ont proposé d'exploiter les sifflements signatures comme un indicateur de la densité des populations. L'idée est d'estimer le nombre de dauphins présents dans une région en comptabilisant les signatures sonores qui y ont été enregistrées. En effectuant ce suivi sur de longues périodes de temps, on saurait si les animaux se cantonnent à une aire particulière ou, au contraire, s'ils occupent d'autres lieux en fonction des saisons ou de divers paramètres tels que les conditions météo, la température de l'eau ou la pression anthropique. L'apparition de nouveaux sifflements signatures signifierait que le groupe s'agrandit, leur disparition que la taille du groupe diminue. Bref, la signature sifflée n'a pas fini de révéler ses secrets !

In utero

Comment s'acquiert un sifflement signature ? À la naissance, un nouveau-né n'a pas encore développé cette compétence : il le fera au cours des premiers mois de sa vie, surtout au contact de sa mère. Pour savoir comment se déroule cette phase critique d'apprentissage, des chercheurs travaillant dans un delphinarium en Floride ont élaboré un ingénieux système de caméras et d'hydrophones visant à observer et à enregistrer les comportements et les vocalisations de deux futures mamans pendant trois mois. Ils ont montré que, juste après la mise bas, les femelles grands dauphins émettaient cinq fois plus leur signature sifflée qu'avant. Et ces vocalisations insistantes perduraient pendant quatre semaines. En répétant souvent leur signature, les jeunes mères imprégneraient ainsi leur nouveau-né de leur identité vocale. Le jeune construirait ensuite sur cette base sa propre signature, ce qui expliquerait pourquoi cette dernière est si proche de celle de sa génitrice.

Quatre semaines, c'est une période relativement longue pour une imprégnation. Peut-être est-ce le temps nécessaire pour que ce phénomène se mette bien en place et que l'encodage de l'identité de la mère s'effectue chez le nouveau-né. Certains cétologues pensent que les dauphins entendraient déjà *in utero* les productions sonores de leur mère et qu'ils seraient ainsi baignés dans cet univers sonore avant leur naissance. Toutefois, la longue période de temps pendant laquelle la mère émet sa propre signature pourrait avoir une autre explication. Nous savons que les dauphins stressés ont tendance à augmenter la production de leur signature sifflée. Or toute naissance est un moment anxiogène pour les mères… En répétant leur signature sifflée à leur bébé vulnérable, peut-être la mère lui adresse-t-elle le message : *Ne t'éloigne pas, c'est dangereux !*

Vous le voyez, les signatures sifflées ne sont pas juste des cartes d'identité. Porteuses de sens, elles sont notamment révélatrices du lien que noue une mère avec son enfant. Pour l'explorer, Denise Herzing et une collègue ont analysé les signatures sifflées de dauphins tachetés aux Bahamas. Elles ont montré qu'au sein de neuf dyades mère-jeune, cinq jeunes femelles reproduisaient très fidèlement la signature sifflée de leur mère, quand les autres se comportaient comme de pâles imitateurs, voire avaient développé leur propre sifflement bien distinct.

Pourquoi cette différence ? Quand les chercheuses ont analysé les comportements sociaux des dauphins, elles ont découvert que les jeunes âgés de quatre ans, qui passaient encore beaucoup de temps avec leur mère, sifflaient une signature très semblable à celle de leur génitrice. Le degré de similitude entre les productions sonores d'une génération à l'autre semblait renseigner sur la force du lien qui les unissait. Dans mon expérience au delphinarium du Parc Astérix, Aya et Liya émettaient de même des signatures très ressemblantes, de quoi en déduire qu'elles entretenaient des liens mère-fille très forts.

Précieux melon

Pourquoi les dauphins emploient-ils des sons pour témoigner leur affection ou communiquer ? Parce que, du point de vue de la physique, c'est le type de signal qui se propage le mieux dans l'eau. Les baleines à bosse mâles chantent, les cachalots cliquent et les dauphins sifflent. Les mammifères marins sont connus pour être des champions en analyse acoustique, mais ils sont aussi très doués en production de signaux sonores. Grâce à la faculté des sons à voyager en milieu liquide, des chercheurs ont enregistré des émissions de rorquals communs alors que ces animaux se trouvaient à plus de 100 kilomètres ! Certains sons à basse fréquence de baleines s'entendent sur des distances impressionnantes : des chants de baleines bleues ont été entendus à environ 1 000 kilomètres à la ronde.

Le dauphin peut produire simultanément des sons continus et des sons impulsifs. Et tout cela sans ouvrir la gueule ! Ce qui complique grandement la tâche des scientifiques qui cherchent à décoder la communication des dauphins et à identifier l'émetteur des vocalisations. Chez les humains, dans un groupe d'amis et dans un environnement bruyant, chacun repère celui qui parle car il ouvre la bouche. Impossible chez les dauphins… Mais comment les sons sont-ils produits ? Chez eux, les narines osseuses sont reliées à l'évent par un conduit nasal comprenant plusieurs sacs aériens, qui agissent comme des réservoirs d'air, et des lèvres phoniques. Appelées aussi lèvres de singe ou museau de singe, elles génèrent des sons.

Les sons produits sont ensuite amplifiés par le melon, un organe situé entre le rostre et les yeux. Il s'agit d'une sorte de lentille acoustique focalisant l'onde

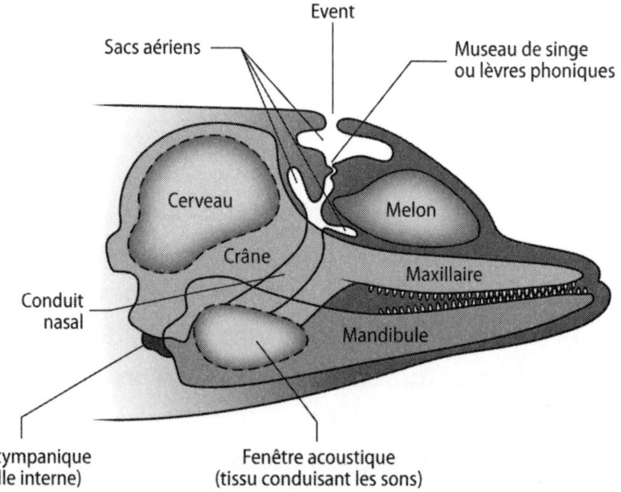

Une fois les sacs aériens remplis d'air, les dauphins produisent des vocalisations générées par les lèvres phoniques, aussi appelées museau de singe. Ils captent les sons grâce à des oreilles dont l'anatomie diffère de celle d'un mammifère terrestre. En particulier, ils ne possèdent pas de pavillon externe. Les sons de l'environnement et les ondes produites par le dauphin et réfléchies par les proies ou tout autre objet se trouvant dans l'environnement parviennent sur plusieurs lobes graisseux (fenêtre acoustique) situés autour de la mandibule, qui les captent. Puis les sons transitent jusqu'à l'oreille interne (ou bulle tympanique) par conduction osseuse et au cerveau qui les analyse.

acoustique et l'envoyant dans une direction. Les impulsions créées peuvent être ultrabrèves (moins d'un millième de seconde) et situées dans les très hautes fréquences (au-delà de 10 kHz, voire de 100 kHz) : ce sont les fameux clics. Ceux-ci constituent le sonar des dauphins, appelé *biosonar*, qui leur confère la capacité de dresser une cartographie précise de l'environnement en émettant des sons et en analysant le son réfléchi. Forts de cette « vision » acoustique, ils détectent des proies silencieuses, mais aussi de petits objets sur des distances allant jusqu'à 100 mètres.

Les dauphins sont capables d'entendre des infrasons (< 1 kHz) mais aussi des sons atteignant les 150 kHz, tandis que leur pic de sensibilité auditive se situe entre 10 et 80 kHz. Ils possèdent une très bonne audition directionnelle : ils localisent les sources sonores avec une précision stupéfiante. Pour avoir une idée plus précise de leurs capacités auditives, il faut se souvenir que l'oreille humaine perçoit des sons dont les fréquences sont comprises entre 20 Hz et 20 kHz. Ainsi, une grande partie des productions acoustiques des cétacés nous échappe…

Sous la lorgnette du CETOSCOPE

L'habilité à écholocaliser apparaît dès deux mois chez le grand dauphin. Si, à cet âge, les jeunes ne maîtrisent pas leurs productions acoustiques, en grandissant au contact de leurs congénères et en s'entraînant, ils vont devenir de vrais experts. J'ai souvent observé de jeunes animaux s'essayer aux émissions sonores : de grosses bulles sortent de leur évent, mais de très faibles et rares sons sont émis. Ils produisent ce qui pourrait correspondre à un babillage, sifflant et cliquant de manière répétée – un bon exercice !

Au Parc Astérix, j'ai étudié comment une très jeune femelle dauphin faisait l'acquisition de ses capacités d'écholocalisation grâce à un instrument inédit. Baptisé CETOSCOPE, ce système nous sert à enregistrer les sons et les comportements des dauphins à 360°, afin de ne rien perdre de la scène qui se déroule sous nos yeux. Ensuite, nous croisons les vidéos et les enregistrements sonores et, grâce à un programme informatique dédié, nous pouvons localiser sur la vidéo et donc identifier avec certitude l'auteur des clics que nous entendons sous l'eau. C'est bien sûr impossible sans cet outil, le caractère fluide du milieu marin brouillant la direction des sons, à nos oreilles du moins. D'autant que, rappelez-vous, les dauphins n'ouvrent pas la gueule quand ils émettent des sons…

Concrètement, l'appareil se présente sous la forme d'une sorte d'étoile de mer un peu particulière, munie de quatre branches télescopiques en fibre de carbone, chacune équipée d'un hydrophone à son extrémité. Le corps de l'étoile est constitué d'une caméra vidéo étanche, qui enregistre la scène à 360°, et d'un caisson qui contient batteries et matériel d'enregistrement. Autant le CETOSCOPE est lourd et encombrant à terre ou à bord, autant, une fois immergée, la structure flotte entre deux eaux, facilitant sa manœuvrabilité.

Avec un prototype, mes étudiants ont étudié au delphinarium la production de clics d'écholocation de Bahia, une petite femelle dauphin âgée de trente-neuf jours, et de sa mère Baily. Pendant environ cinq mois, ils ont enregistré simultanément les comportements et les vocalisations de la mère et de sa fille. Nous avons ainsi montré qu'à un mois et neuf jours, Bahia avait une production de clics identique à celle de sa mère. La fréquence et la durée moyenne des clics, ainsi que l'intervalle moyen entre deux clics, étaient semblables. En revanche, en grandissant, la fréquence de clics a augmenté, et l'intervalle entre deux clics a diminué. La modification de ces deux paramètres indiquait que non seulement Bahia maîtrisait de mieux en mieux son système générateur de clics, mais que, de plus, elle manifestait un intérêt accru pour son environnement. Signe qu'elle se développait bien.

Cette étude a été réalisée sans séparer le duo mère-bébé des autres dauphins, sans isoler la petite de sa mère. L'instrument était suffisamment précis et performant pour distinguer l'émettrice des clics dans un environnement à 360°, et ce bien que mère et fille aient nagé presque collées l'une à l'autre. Une première !

À la Réunion, cet outil nous a permis de montrer que, dans certains cas, les dauphins mettent en place une sorte de camouflage acoustique pour avancer sans être repérés. Alors que nous étions immergés près d'un groupe, un dauphin s'est approché de nous. Nous enregistrions nettement les clics d'écholocalisation avec lesquels il s'oriente et obtient des renseignements sur ce que nous sommes et ce que nous faisons, mais surprise : ce n'était pas ce dauphin qui cliquait ! L'analyse *a posteriori* a montré que c'était un congénère derrière lui qui demeurait caché durant la phase d'approche. Le premier dauphin assurait une écholocalisation passive de la situation, ce qui le rendait invisible à toute détection acoustique. Plutôt créatif et redoutablement efficace !

Des sons pour exciter

Les dauphins produisent aussi d'autres sons, appelés sons pulsés, qui sont des trains d'impulsion. À notre oreille, ils ressemblent à des crissements, des couinements, des braillements. Par exemple, lors de comportements sexuels, il est assez fréquent de voir un mâle se placer sous une femelle et pointer sa tête en direction de l'appareil génital de sa congénère. Or, en plaçant un hydrophone dans l'eau, les chercheurs ont enregistré un son pulsé, une sorte de bourdonnement qu'ils ont appelé *genital buzz*. Il aurait pour fonction d'exciter les femelles, de favoriser les rapprochements et donc l'accouplement. Cette vocalisation est aussi produite lors de rappels à l'ordre disciplinaires de jeunes sexuellement immatures, par leur mère ou un congénère adulte mâle ou femelle. Les adultes s'en servent d'ailleurs pour se faire obéir.

Parfois, une vocalisation, ou une absence de vocalisation, nous renseigne sur le ressenti du dauphin. C'est notamment le cas quand on observe un petit groupe de dauphins progresser en formation serrée et silencieuse. En général, ces animaux sont apeurés ou anxieux. Lorsque l'un se sent en danger et demande de l'aide, il émet des sifflements, le fameux sifflement signature pour manifester sa présence et/ou appeler ses congénères à la rescousse. Il siffle alors longtemps et de manière répétée. Par ailleurs, quand un dauphin est satisfait suite à une action qu'il a réalisée ou qu'il a enfin obtenu ce qu'il convoitait, il produit une sorte de cri de victoire. Dans une chasse qui se termine par la capture du poisson poursuivi, un dauphin émet successivement des clics d'écholocation et un couinement (appelé *victory squeal* en anglais). Cette vocalisation triomphale dure jusqu'à vingt secondes. J'imagine que le dauphin exulte alors !

En milieu naturel, nos études sur la communication des dauphins sont essentiellement opportunistes. Nous enregistrons les comportements des animaux et leurs vocalisations sans les provoquer. Dans un contexte expérimental, c'est différent, nous créons des situations. Des tâches de coopération ou de coordination, par exemple. Dans un delphinarium belge, avec d'autres chercheurs, nous avons demandé à deux soigneurs, isolés l'un de l'autre, de donner individuellement à deux dauphins la consigne de réaliser un saut synchrone. Les animaux connaissaient déjà le geste et l'exercice. Nos enregistrements acoustiques ont révélé que les dauphins cliquent avant et après le saut et que seul un dauphin émet les clics, son compagnon écoutant de manière passive. Les clics d'écholocalisation émis par l'un des partenaires suffisent à renseigner les deux animaux sur leurs positions respectives dans l'espace, et donc aussi leurs vitesses. Tout se passe comme si l'un des deux prenait l'ascendant et orchestrait l'exercice. Comme nous l'avons découvert, pas étonnant que la chef de file soit la femelle la plus expérimentée !

Dans une tâche similaire dans laquelle deux dauphins devaient se coordonner pour appuyer simultanément sur deux boutons, les dauphins ont synchronisé leurs mouvements et ont semblé s'aider en cela d'une production intense de sifflements. Ils paraissaient non seulement ajuster leurs mouvements l'un sur l'autre, mais commentaient aussi leurs actions en sifflant avant d'appuyer sur les boutons.

Pour coordonner leurs actions, les dauphins font appel à une production acoustique dense et nuancée qui accompagne une communication posturale. Ces animaux comprennent le rôle de leur partenaire dans des tâches de coopération. Des dauphins de l'Indopacifique mâles ont même montré qu'ils avaient des partenaires préférés, avec lesquels ils étaient plus performants. Plus un dauphin présente une personnalité curieuse, joueuse et sociable, plus il constitue un bon candidat pour ce type de tâche coopérative.

Des influences culturelles

La communication acoustique des dauphins est diversifiée et élaborée. Elle est acquise par apprentissages et est modulée par des paramètres sociaux, mais elle pourrait aussi être influencée par des facteurs culturels et environnementaux. Les grands dauphins émettent par exemple des signaux sonores distincts, qu'ils vivent en Atlantique ou en Méditerranée. Les contraintes écologiques inhérentes aux habitats dans lesquels vivent les animaux engendreraient des adaptations stratégiques à la source de ces différences.

Inversement, plus les habitats sont écologiquement proches, plus leurs productions sonores se ressemblent. Ainsi, les signaux sociaux des dauphins qui vivent dans l'estuaire du Sado, au Portugal, montrent de très grandes similitudes avec ceux de la mer Adriatique. Or ces deux populations occupent des zones peu profondes avec des fonds sédimentaires sablonneux ou boueux, peuplées de récifs rocheux et de zones herbacées, et baignant dans des environnements sonores très bruyants.

Pourquoi les dauphins changeraient-ils leurs productions sonores en fonction de l'environnement ? Parce que la vitesse de propagation du son dans le milieu aquatique varie en fonction des paramètres physico-chimiques de l'eau et de la topographie du milieu. Je pense notamment à la profondeur et à la présence de barrières physiques (des récifs, notamment). D'autres facteurs influent sur la communication acoustique sociale des dauphins, tels que la densité de la population sur la zone d'occupation, qui impacte les distances inter-individuelles et la probabilité de croiser tel ou tel congénère, ou encore la présence de prédateurs, l'ambiance sonore, etc. Pour communiquer de façon efficiente, les dauphins intègrent ces éléments, transforment et ajustent leurs productions sonores, faisant preuve d'une grande adaptabilité.

Plongée parmi les clics

À plusieurs reprises, j'ai été baignée dans cet environnement sonore, mais une immersion m'a particulièrement marquée. J'étais aux Bahamas, la nuit tombait sur l'océan. C'était une nuit sans vent. Le capitaine avait laissé dériver le catamaran. Au large, nous avions repéré un groupe de dauphins tachetés et espérions qu'ils restent non loin de nous. Quand nous avions allumé deux projecteurs pour éclairer les eaux sombres, du plancton n'avait pas tardé à venir s'agiter dans ce faisceau lumineux providentiel, suivi par de petites méduses, des calamars et des poissons, dont de chatoyants balaous queue jaune (au corps fuselé, avec un long aiguillon à l'avant de leur tête). Nous voulions observer les comportements de chasse nocturnes des dauphins tachetés.

Tout à coup, le haut-parleur relié à un hydrophone nous renvoya des séries de clics. « Dauphins ! » s'écria l'un de mes collègues, tandis que l'excitation me gagnait. Bientôt, l'air s'emplit de souffles puissants trahissant l'excitation des dauphins, et des formes graciles remuaient autour du bateau, à la façon de torpilles grises mouchetées. La chasse avait commencé. Nous nous immergions alors en respectant des consignes très strictes pour notre sécurité : ne pas nous éloigner du faisceau lumineux et rester près de notre binôme. Plonger au milieu d'une telle chaîne alimentaire présente des risques. Nous avions autour de nous, mais surtout en dessous de nous, sur plusieurs centaines de mètres (!), des poissons petits… et grands.

Dans l'eau, les dauphins tachetés nous frôlaient, rapides et indifférents à notre présence, donc potentiellement dangereux. Je restais proche de ma binôme, une étudiante de Denise. Je dois avouer que je n'étais guère rassurée : si nous nous écartions du faisceau lumineux, nous nous retrouvions dans l'obscurité totale et échappions alors à la surveillance de l'équipe restée à bord, qui veillait à notre sécurité. Les dauphins étaient concentrés sur les mouvements de leurs proies. Ils avaient certes les yeux ouverts, mais leur regard semblait perdu, dans le vide, comme court-circuité par une activité acoustique intense et prépondérante. L'eau bruissait de leurs clics d'écholocalisation.

Tête immergée, je distinguais nettement les variations d'émission : les clics s'accéléraient, décéléraient, puis accéléraient à nouveau au gré des mouvements des proies et des efforts déployés par les dauphins pour les suivre. Parfois, des poissons effrayés ou étourdis par l'intensité des clics se réfugiaient à nos côtés. Nous devenions malgré nous des refuges providentiels pour ces poissons, mais aussi des « choses flottantes encombrantes » pour les dauphins. Jamais je n'oublierai cette exceptionnelle plongée dans leur univers sonore !

UNE ÉCOLE SOUS L'EAU

J'ai rejoint Denise Herzing et son équipe aux Bahamas. Nous nous sommes immergés pour suivre et filmer quatre femelles et leur progéniture. Nous palmons énergiquement pour maintenir l'allure, du fait d'un fort courant. Nous nageons dans 10 mètres d'eau à peine, si bien que de magnifiques étoiles de mer sont nettement visibles sur le fond sablonneux. Deux femelles descendent et sondent le plancher. Je les vois tourner la tête lentement, tandis que leurs petits les regardent faire.

Les deux femelles dauphins cherchent de la nourriture. J'en vois une accélérer, enfouir son rostre dans le sol. Bientôt, la voilà qui relève la tête avec une petite sole entre les dents, avant de remonter respirer à la surface. Après avoir englouti sa proie, elle plonge à nouveau vers le fond et reprend son exploration. À un moment, alors que son petit est approximativement sous elle, elle bouge ses deux nageoires pectorales. Elle les utilise pour le guider, semble-t-il, comme pour lui indiquer de se placer le long de son axe. Comprenant parfaitement le message, il s'exécute et se range sous son ventre, sa tête jouxtant celle de sa mère.

Le positionne-t-elle ainsi pour qu'il ne la gêne pas dans sa recherche de nourriture ? Ou pour qu'il reçoive sur sa mâchoire inférieure l'écho des clics d'écholocalisation qu'elle envoie ? Peut-être les deux. En exposant le jeune à cet écho et en l'associant à une prise alimentaire, serait-il possible que sa mère lui apprenne à chasser ?

Le soir, à bord du catamaran (les missions embarquées durent une dizaine de jours), une fois le repas terminé, nous visionnons les vidéos prises dans la journée. Elles ont été enregistrées avec une caméra sous-marine dotée d'hydrophones qui captent notamment les clics d'écholocalisation. Arrive la séquence où la femelle bouge ses pectorales de part et d'autre de sa progéniture placée en position ventrale. Sur la bande-son, nous l'entendons clairement cliquer. Denise a déjà observé ce comportement plusieurs fois, et, d'après elle, il pourrait s'agir d'un apprentissage.

En parc zoologique, ce type de comportement s'observe, mais, en milieu naturel, c'est rare. Pour la première fois, je visualise et j'entends sa mise en œuvre entre une mère et son petit. Je vois et j'entends ce qu'elle dit à son bébé, comment elle l'accompagne, le guide et comment elle le félicite en le laissant se saisir de la proie débusquée. Nous laisser assister à cette scène est une grande marque de confiance de leur part à notre égard. C'est très émouvant !

Comment les dauphins apprennent-ils ? Quels types d'apprentissage mettent-ils en place ? Observer sa mère est une façon efficace d'apprendre certains comportements, mais c'est loin d'être la seule pour les jeunes. Nous allons voir que devenir une bonne mère s'apprend, que les jeunes dauphins reçoivent une éducation sexuelle, et que ces animaux sont même capables de se réconcilier après des conflits !

Parlez-vous dauphin ?

J'avais déjà eu l'occasion spectaculaire de voir des dauphins apprendre. C'était en parc zoologique, peu après mon doctorat. En 1997, j'avais enchaîné par une année postdoctorale dans le laboratoire de Kenneth Marten. Ken, aujourd'hui décédé, était un chercheur atypique. Ne supportant pas la chaleur, il travaillait uniquement la nuit, avec la climatisation réglée à son maximum, et, comme si cela ne suffisait pas, il plaçait au moins deux ventilateurs près de lui. Pendant toute notre collaboration, j'ai empilé pulls et écharpes pour ne pas geler dans son laboratoire, alors que nous étions à Hawaï ! Commençant notre travail à la tombée de la nuit, j'avais l'impression d'être une chauve-souris... frigorifiée.

Nous travaillions sur une interface humain-animal à partir d'un écran tactile disposé sur l'une des fenêtres du bassin des grands dauphins. Ceux-ci devaient associer des images ou des vidéos à des sons que nous diffusions. Je me souviens très bien d'une femelle nommée Iwa. Réservée, elle avait très peu accès au dispositif, car celui-ci était monopolisé par une autre femelle, Laukani, plus curieuse, plus audacieuse. Toutefois, depuis la surface, Iwa observait Laukani interagir avec l'écran. Après plusieurs jours, Laukani a délaissé quelques minutes le système : Iwa est alors arrivée très rapidement et a enchaîné une demi-douzaine de bonnes réponses. Elle a été interrompue par Laukani, qui l'a bousculée pour reprendre « possession » de l'interface. Iwa avait visiblement appris en observant Laukani, tirant une leçon de ses nombreux tâtonnements et essais-erreurs. Époustouflant !

L'apprentissage par observation est très répandu chez les cétacés. En Australie, par exemple, les femelles grands dauphins enseignent la « pêche à l'éponge ». Elles vont cueillir des éponges, les gardent en gueule et se dirigent vers des anfractuosités rocheuses, où elles délogent des poissons. L'éponge leur sert à protéger leur rostre de l'abrasion des rochers. Leurs petits les accompagnent et observent toute la manœuvre.

Sur l'archipel de Crozet, dans la partie antarctique sud-ouest de l'océan Indien, ce sont des femelles orques qui endossent le rôle de professeur. Elles enseignent à leur progéniture une chasse dangereuse : capturer des otaries en s'échouant ! Elles se jettent sur une plage où leurs proies se reposent, avec l'espoir de pouvoir repartir en mer après la capture. Une méthode risquée, que les mères enseignent à leurs jeunes en faisant preuve de beaucoup de pédagogie. Elles les amènent sur un rivage plat et désert, où elles les familiarisent avec la technique d'échouage. La pente douce facilite la récupération des petits s'ils échouent à la manœuvre et se trouvent en mauvaise posture. Comme il n'y a pas de cible à l'horizon, il s'agit d'une sorte de chasse simulée. Les jeunes n'iront sur le « terrain » qu'une fois ce b.a.-ba acquis.

Hé, viens voir !

Dans un apprentissage par enseignement, le professeur fournit des efforts délibérés pour montrer quelque chose à l'élève. Il exagère le geste, distingue bien chaque action, les répète si besoin. L'exemple de la femelle dauphin tacheté qui, aux Bahamas, recadrait son petit lorsqu'elle cherchait des proies enfouies sous le sable l'illustre bien. Denise et son équipe ont analysé de nombreuses heures de vidéos qui montraient que les femelles chassaient plus longtemps, orientaient plus finement leur corps et mobilisaient davantage leur attention en direction de la proie lorsque leur petit était présent à leur côté, par rapport à la situation où elles fourrageaient seules ou en présence d'un jeune dauphin qui n'était pas le leur.

Au cours de ma carrière, j'ai moi-même observé à de multiples reprises des mères insister auprès de leur petit pour qu'il prête attention à tel ou tel objet, congénère, action ou événement. Cela se traduit par des comportements prolongés de la mère, des regards appuyés parfois accompagnés de discrètes productions sonores, bref, autant de gestes qui semblent signifier : *C'est très intéressant, viens voir !* Tout cela dans une ambiance positive : les mères ne sont en effet pas avares de caresses et d'encouragements, et, parfois, comme avec la femelle dauphin tacheté, elles récompensent les progrès de l'élève par de la nourriture. Une agréable façon d'apprendre !

Elles se montrent ainsi très actives dans les apprentissages. En parc zoologique, les soigneurs proposent aux animaux des programmes d'enrichissement du milieu pour augmenter la fréquence des comportements de jeux, d'exploration et des interactions sociales de façon générale. C'est un bon moyen d'améliorer le bien-être des dauphins. Et le jour où les soigneurs animaliers introduisent des enrichissements inédits dans les bassins, j'ai vu fréquemment les mères partir en éclaireur et manipuler les objets, et, une fois rassurées sur leur innocuité, revenir vers leur petit pour l'encourager à le manipuler. Les objets ayant été certifiés *dolphin proof* par les mères, les petits étaient alors autorisés à jouer avec.

S'il est vrai que les jeunes apprennent beaucoup de leurs génitrices, celles-ci ne sont pas les uniques professeurs dans cette société. Il suffit de prendre le temps d'observer des jeunes dauphins jouer ensemble pour comprendre que le jeu leur offre la possibilité d'améliorer leurs compétences sociales et leur habileté à manipuler des objets inanimés, des algues par exemple, ou animés comme des poissons. Une étude menée sur de jeunes dauphins tachetés a montré qu'ils s'entraînaient à localiser des proies lors d'activités en groupes avec des animaux de la même classe d'âge. Je me souviens avoir observé au Parc Astérix un jeune mâle créer un vortex en frappant la surface avec sa nageoire caudale et jouer ensuite avec le tourbillon. Les jours suivants, ses compagnons de jeu l'imitaient et produisaient eux aussi ces petites tornades dans l'eau.

Un autre aspect interpelle quand on regarde les jeunes en action. Contrairement à ce que l'on pourrait croire, ils sont certes opportunistes dans leurs apprentissages, mais plutôt sélectifs sur l'identité de celui ou celle qu'ils observent. De manière générale, ils apprennent préférentiellement les comportements de recherche alimentaire de leur mère et, pour ce qui est des jeux, d'autres jeunes. Sur ce dernier point, plus spécifiquement, ils aiment reproduire les comportements de dauphins un peu plus âgés qu'eux, qui créent ou innovent dans le jeu ou qui réalisent des jeux plus complexes que les leurs.

Les jeunes ne sont pas les seuls à imiter autrui. Vraisemblablement, dans les groupes de femelles suitées (accompagnées de leur progéniture), les femelles apprennent les unes des autres, améliorant ainsi la qualité des soins qu'elles dispensent à leurs petits. Devenir mère s'apprend ! Les femelles expérimentées endossent un rôle important dans la société. Il n'est pas rare de voir une femelle s'occuper temporairement de deux jeunes : les dauphins se livrent à du baby-sitting et s'entraident.

Les apprentissages sociaux ont été observés dans des sociétés constituées de groupes d'animaux de classes d'âges différentes (juvéniles, subadultes et adultes), de groupes familiaux multigénérationnels et d'animaux ayant une longévité importante. Est-ce le cas de toutes les espèces de delphinidés ? Nous manquons d'observations pour le dire. Cependant, la société des dauphins tachetés aux Bahamas, étudiée par Denise, coche toutes ces cases. La densité des groupes, les coefficients d'association, la créativité, l'innovation et la nature du comportement sont autant de processus facilitateurs de transmission et donc, possiblement, de diffusion d'un comportement au sein d'une communauté.

Jusqu'à quel stade de la vie se prolonge l'apprentissage ? Des chercheurs australiens se sont demandé à quel âge les grands dauphins qui exploitaient la technique de la pêche à l'éponge la maîtrisaient parfaitement. En observant des groupes de femelles, qui sont à l'origine de la diffusion de cette pratique, l'équipe a montré qu'elles s'amélioraient tout au long de leur existence, avec un pic d'efficacité et de contrôle de la technique au milieu de leur vie, quand elles sont physiquement et sexuellement matures. Au fil des années, elles passent moins de temps à rechercher et à se procurer l'outil nécessaire. Tandis que les novices changent souvent d'éponge, les femelles les plus expérimentées conservent longtemps la même (la sélection d'une éponge plus robuste pourrait expliquer ce résultat). Enfin, elles emploient une seule et même éponge sur plusieurs sites, au lieu de se munir d'un nouvel outil à chaque fois.

Cette étude est unique. C'était la première fois qu'on décrivait et expliquait, en milieu naturel, les processus impliqués dans l'amélioration et la maîtrise d'une technique de pêche par des dauphins. Cette réussite tient au fait que la biologiste Janet Mann, tout comme Denise Herzing, suit cette communauté de dauphins depuis plusieurs décennies, une condition nécessaire pour notamment lever un coin du voile sur les cultures qui persistent de génération en génération.

Pour une éducation sexuelle

Aussi surprenant que cela puisse paraître, le sexe fait aussi l'objet d'un apprentissage. On pourrait croire que ce type de comportement s'en passe, mais non. Chez les dauphins, la reproduction est loin de se limiter au simple acte de copulation. Les mâles « courtisent » les femelles, les poursuivent, se frottent à elles, paradent en émettant des sons pulsés en rafale et des sifflements. Pour copuler, le mâle nage à l'envers sous la femelle et introduit son pénis dans la fente génitale de sa partenaire. Les petits dauphins non sevrés qui accompagnent leur mère assistent à ces comportements sociosexuels et les mémorisent.

Et ils s'entraînent ensuite sur… leur propre mère. En effet, que ce soit en milieu naturel ou en parc zoologique, il est fréquent d'observer des comportements sexuels émis par de jeunes dauphins mâles vers leur mère. Un dauphin réalise ces « exercices » très tôt dans sa vie. Loin d'en être perturbées, les mères encouragent ces pratiques. Elles ne se détournent pas, ne s'éloignent pas. Par exemple, elles nagent au-dessus de leur progéniture et font glisser la nageoire dorsale de leur petit dans leur fente génitale, comme pour leur dispenser un cours d'anatomie delphinienne.

On a aussi observé des mères enfoncer leur nageoire pectorale dans la fente génitale de leur fille. Les femelles, jeunes et adultes, se livrent également à ces actes libidineux entre elles. Il est tentant alors d'y voir autre chose qu'une leçon de choses. Les femelles, mères ou non, ne seraient-elles pas tout simplement à la recherche d'une satisfaction sexuelle ? Une étude récente a montré que les femelles dauphins possèdent un clitoris fonctionnel. Elles l'utilisent manifestement pour se donner du plaisir et en procurer à leurs partenaires.

Vu la fréquence des comportements sociosexuels chez les dauphins, leur société a longtemps été comparée à celle des bonobos, eux aussi sexuellement très actifs. Toutefois, ces primates utilisent le sexe majoritairement pour régler leurs conflits. Chez les dauphins, le sexe n'est pas un calumet de la paix miraculeux, même s'il contribue à apaiser occasionnellement les tensions. J'en ai été témoin au Parc Astérix. Lors de la saison de reproduction, en été, les mâles deviennent parfois très insistants auprès des femelles, et, lorsque celles-ci sont suitées, ils s'agacent de la présence du jeune et le repoussent sans ménagement. Même pour des femelles non suitées, les coalitions pressantes de mâles peuvent être source d'inconfort.

Quand le cas s'est présenté au Parc, j'ai alors vu deux femelles jouer un rôle de « médiatrices sociales ». Beauty et Femke se sont mises à nager à côté du mâle le plus pressant. Celui-ci incommodait, voire harcelait une malheureuse qui manifestait de nombreux signes de nervosité. Beauty et Femke caressaient l'oppresseur de leur nageoire pectorale, se laissaient parfois monter par lui (les deux émettaient alors de nombreuses vocalisations), se relayant auprès de lui. Impossible de savoir ce que le trio se disait, mais l'effet s'est fait sentir rapidement : la femelle poursuivie finissait par s'apaiser, et la tension dans le groupe retombait.

La même scène s'est reproduite devant moi en mer. J'avais observé des femelles adultes rejoindre des coalitions de mâles en phase d'excitation sexuelle. Elles étaient alors devenues leur centre d'intérêt. Était-ce dans l'objectif d'apaiser des tensions au sein du groupe, de diminuer la pression subie par certaines femelles ? Impossible pour moi de l'affirmer avec certitude, car je n'avais pas assisté au prélude de l'événement, mais c'est fort probable.

Le sexe n'est pas l'unique moyen de faire baisser la température. En mer comme en parc zoologique, j'ai observé des comportements de réconciliation à la suite d'agressions ou de situations anxiogènes. Par exemple, les jeunes dauphins, surtout les mâles, se livrent à des jeux assez violents au cours desquels ils se poursuivent, se plaquent au sol, se mordent (jusqu'à imprimer des marques de dents sur la peau !), se frappent avec la nageoire caudale et se percutent frontalement comme des taureaux. De vrais gladiateurs ! Après ces luttes viriles, les jeunes se calment, se rapprochent et se livrent à tout un répertoire de comportements à la fonction réconfortante.

Des femelles âgées encouragent parfois leurs filles quand, devenues mères à leur tour, elles manifestent des signes de fatigue ou d'agacement à l'égard de leur bébé. Parfois, les dauphins nagent côte à côte en frottant activement leur nageoire (variante : ils posent une pectorale sur le corps de leur congénère). En d'autres occasions, l'un des dauphins se glisse sous un congénère, se retourne et agite ses nageoires pectorales. Ces contacts physiques doux renforcent les liens sociaux entre partenaires. En parc zoologique, j'ai aussi vu des dauphins venir soutenir psychologiquement leurs congénères, notamment quand les jeunes interagissent ou manipulent un objet pour la première fois. Pour certains animaux, le simple caractère de nouveauté est impressionnant, et, après cette petite montée d'adrénaline, ils trouvent du réconfort auprès de leur mère ou de leurs partenaires de jeux.

On pourrait alors croire que tous les comportements appris sont bénéfiques aux dauphins. Or ce n'est pas le cas : il suffit de penser aux animaux solitaires en quête d'interactions avec les nageurs, qui peuvent devenir gênants pour les humains sollicités, voire aux dauphins qui apprennent à prélever des poissons directement dans les filets, au grand dam des pêcheurs. Ces actions sont potentiellement dangereuses pour les animaux qui les pratiquent.

En vivant en société, les dauphins apprennent au contact de leurs pairs. Ce bagage éducatif nourrit leurs possibilités d'action, leur répertoire comportemental. En observant de jeunes dauphins grandir, j'ai pu voir à quel point ils apprenaient rapidement de très nombreux nouveaux comportements, comment ils s'exerçaient avant de maîtriser une technique, et de quelle manière ils étaient punis lorsqu'ils transgressaient des règles sociales ou échappaient à la vigilance de leur mère. Vivre en société s'apprend, et des règles doivent être respectées : c'est aussi vrai pour les dauphins.

L'EMPIRE DES SENS

Aux Bahamas toujours. Je suis à l'eau avec Denise Herzing, du Wild Dolphin Project, et ses étudiantes. Nous observons un groupe d'une douzaine de dauphins tachetés. Nous comprenons qu'il s'agit d'individus subadultes et adultes grâce à leurs mouchetures sur le corps. J'observe des femelles avec leur petit, suivies par de jeunes mâles. Soudain, je vois l'un d'entre eux se placer sous une femelle qui est en train d'uriner. Il se penche, se repositionne à l'horizontale, tout en conservant la gueule ouverte pendant la manœuvre, comme s'il goûtait à l'urine laissée dans le sillage ! La mère et son petit ne prêtent pas attention à lui. L'animal finit par s'éloigner de la dyade et rejoint trois congénères.

Mon impression a sans doute été juste, puisque les scientifiques soupçonnent que les mâles goûtent les urines des femelles pour en déterminer le statut reproducteur, c'est-à-dire pour savoir si elles sont en œstrus et donc fécondables. J'ai eu moi-même l'opportunité d'observer ce comportement chez les grands dauphins (aux Bahamas) et les dauphins de l'Indopacifique (à la Réunion).

Une autre hypothèse suggère que l'urine ne sert pas seulement à donner le coup d'envoi des réjouissances sexuelles aux mâles. Depuis l'université de Saint Andrews, en Écosse, le professeur Vincent Janik a dirigé une étude consistant à verser dans le bassin d'un groupe de grands dauphins des échantillons d'urine venant de congénères variés, qu'ils connaissaient ou non, et à observer leur réaction. Bilan ? Les dauphins ont passé plus de temps à explorer les urines lorsqu'elles provenaient d'individus familiers. Tout porte donc à croire qu'ils savent reconnaître leurs proches grâce au « goût » de leur urine. Vraisemblablement, cette compétence à détecter dans l'environnement des substances chimiques pourrait s'étendre aussi aux fèces et au sang.

Chémoréception, quèsaco ?

Les dauphins sont parfaitement adaptés à l'environnement qu'ils ont colonisé. Leur anatomie et leur physiologie en témoignent. Les cétacés actuels (pas seulement les dauphins) semblent si éloignés de leur ancêtre terrestre qu'il est bien compliqué de saisir l'ensemble des transformations et des adaptations qui les ont façonnés. Cela étant, quand on veut adopter le point de vue des dauphins, ces connaissances ne suffisent pas : il est déterminant de comprendre leur sensorialité et leur cognition. En dehors de l'ouïe, quels autres sens possèdent les dauphins ? Voient-ils le monde en couleurs, comme nous ? Est-ce pertinent de parler d'olfaction chez ces animaux ?

Le sens que les dauphins mettaient en œuvre aux Bahamas et dans l'expérience précédente est la chémoréception, définie comme la capacité à détecter des substances chimiques. Elle est présente chez de nombreux animaux qui sentent et goûtent le monde dans lequel ils vivent. Chez les humains, cette aptitude est permise grâce à des cellules dédiées dans la bouche, le nez et dans l'organe voméronasal, une zone du nez qui capte les phéromones. Le sens voméronasal demeure peu fonctionnel chez notre espèce, mais il l'est pleinement chez la plupart des mammifères comme les chiens, les chats ou les chevaux. Chez certains mammifères, les mâles adoptent un rictus particulier appelé « flehmen » (en allemand, « retrousser la lèvre supérieure ») lorsqu'ils sont proches de femelles en chaleur, cette mimique les aidant à mieux détecter leurs phéromones. C'est particulièrement bien décrit chez le bouc ou l'étalon, par exemple.

Et les dauphins ? Peuvent-ils véritablement sentir et goûter ? Sont-ils eux aussi sous l'emprise des phéromones ? Les réponses à ces questions, loin d'être claires, font l'objet de controverses. Demandez à divers interlocuteurs, et vous entendrez autant de sons de cloche différents. Aux dires des soigneurs animaliers qui travaillent avec des dauphins, ces animaux ont des préférences alimentaires, privilégiant certaines espèces de poissons plutôt que d'autres. Autrement dit, ils discrimineraient parfaitement les saveurs. En dépit de ces observations empiriques, deux grands courants s'opposent dans le milieu de la cétologie.

Pour certains scientifiques, les cétacés sont dépourvus d'olfaction et possèdent des capacités gustatives très limitées. Comme argument, ils brandissent l'histoire évolutive des mammifères marins. Elle montre de fait une régression des structures anatomiques intervenant dans l'olfaction et la gustation, avec notamment la disparition de la cavité nasale chez les odontocètes (les cétacés à dents, du grec *odontos*, « dent »), l'absence de papilles gustatives et des structures nerveuses centrales de l'olfaction très rudimentaires.

Quid de l'autre camp ? Eh bien, les partisans d'une chémoréception développée chez les dauphins appuient leurs dires sur des découvertes scientifiques intrigantes. Elles révèlent la présence à la fois de chémorécepteurs près de l'évent chez des marsouins et de papilles gustatives chez de très jeunes individus. Autre élément renforçant cette thèse : les dauphins possèdent dans leur cerveau des lobes ou bulbes olfactifs conséquents. Mais tout n'est pas simple, car, si les gènes des récepteurs gustatifs existent bien dans l'ADN des odontocètes en général, d'anciennes mutations les ont rendus définitivement inopérants (ainsi, on ignore toujours si les dauphins décèlent l'amer, l'acide et le salé).

Quelle conclusion tirer de ces données qui paraissent contradictoires à première vue ? D'abord, qu'étudier les capacités sensorielles des cétacés est une gageure. Ensuite, qu'avec les connaissances scientifiques dont nous disposons aujourd'hui, il est probable que dauphins et baleines aient développé une certaine chémoréception. Malgré le défi que cela représente, des scientifiques mènent des études en milieu naturel pour comprendre par exemple comment les baleines à bosse repèrent les bancs de krill dont elles se nourrissent. En effet, contrairement aux odotoncètes (le groupe de cétacés auquel appartiennent les dauphins), les mysticètes (la famille des baleines, du grec *mystagogues*, « moustache ») possèdent une cavité nasale tapissée de bulbes olfactifs et des gènes fonctionnels codant pour des récepteurs olfactifs. Et il semblerait que les baleines à bosse s'orientent en fonction du vent pour localiser leurs proies planctoniques.

Pour en savoir plus, une équipe de chercheurs internationaux a diffusé des extraits de krill et de sulfure de diméthyle (un gaz produit par le phytoplancton marin) à deux endroits du monde : en Islande (lieu de nourrissage des baleines à bosse) et à Madagascar (lieu de reproduction de cette espèce). Les scientifiques ont montré que, de manière générale, les baleines à bosse s'approchaient plus, plongeaient plus et restaient plus longtemps dans les zones d'émission qu'ailleurs. Ils en concluent que les baleines sont capables de détecter des substances chimiques émanant de leurs proies et ce sur plusieurs centaines de mètres, démontrant ainsi l'existence d'une chémoréception chez ces mysticètes.

Les dauphins pistent-ils eux aussi leurs proies grâce à la chémoréception ? Une équipe de chercheurs français a de même diffusé du sulfure de diméthyle en Méditerranée pour tester si les globicéphales et les grands dauphins étaient attirés par cette substance, mais n'a constaté aucune réponse comportementale. Toutefois, on peut objecter que cette substance n'est peut-être pas aussi attractive pour eux qu'elle ne l'est pour les baleines à bosse. Le débat sur la chémoréception des dauphins est loin d'être clos…

Vision amphibie

Parc Astérix. Je joue avec Bahia, une jeune femelle très curieuse. Pour être plus précise, je me tiens devant la vitre d'un bassin, et Bahia, immobile dans l'eau, scrute attentivement l'objet que j'ai entre les mains. Il s'agit d'un dossier auquel j'ai attaché le cordon de mon badge d'accès ! Le tout forme une sorte de pendule qui l'intrigue vivement. Cherchant à en deviner la nature exacte, elle s'agite, colle presque son œil sur la vitre, recule, colle l'autre œil, recule à nouveau, ainsi de suite. Son manège dure un petit moment, jusqu'à ce qu'elle se lasse – ou ait obtenu les réponses à ses questions –, et file rejoindre ses congénères.

Certains dauphins sont plus curieux que d'autres et viennent nous voir, dans les parcs comme en milieu naturel, avec l'esprit plein de questions, semble-t-il : *Que faites-vous ? Ça se mange, ce truc qui se balance ? Quelle est cette drôle de chose qui coiffe votre tête ?* (Les bonnets et les écharpes connaissent un certain succès, surtout quand nous les agitons ostensiblement.) Toutes ces informations passent par le regard. La vision chez les dauphins est un sens fort développé.

Les yeux des dauphins sont en position latérale, comme ceux des chevaux, et orientés en direction nasoventrale. Ils utilisent la vision monoculaire et binoculaire pour observer leur environnement. Dans l'eau, les dauphins ont une vision emmétrope, c'est-à-dire qu'ils voient très bien de près comme de loin sans aucune correction optique (dans l'air, ils sont plutôt myopes). La position basse de leurs yeux les empêche vraisemblablement de voir au-dessus d'eux. Cet angle mort, qui s'étend jusqu'à la nageoire caudale en passant par la nageoire dorsale, expliquerait que les dauphins exhibent souvent des blessures à la tête ou à la base du crâne, dégâts causés par des collisions intempestives avec des rochers ou un mauvais positionnement par rapport à des hélices de bateau.

Même avec un champ de vision limité, les mammifères terrestres que nous sommes (c'est vrai aussi pour un chat ou une vache) peuvent tourner, baisser et lever la tête pour scruter leur environnement. Les dauphins présentent une mobilité moindre en raison d'une colonne vertébrale qu'un trop grand nombre de vertèbres condamne à la rigidité. Certes, cette architecture anatomique leur confère une progression rapide et efficace d'un point de vue énergétique (grâce à leur puissante nageoire caudale), mais elle restreint les mouvements de la tête. Chez certaines espèces de cétacés, comme les baleines à bec de Cuvier, plusieurs vertèbres cervicales ont même fusionné. Pour ces animaux, la mobilité de la tête est extrêmement réduite.

Nos connaissances sur la vision des dauphins sont seulement partielles. Nous savons qu'ils possèdent, à l'instar des chevaux, une vision panoramique (de 120 à 130°). Ils effectuent des mouvements oculaires par saccades, comme les humains, et peuvent bouger les yeux de manière indépendante. Des structures anatomiques particulières les protègent de la pression subie lors des plongées et sous l'action des basses températures. Dans l'orbite, les glandes de Harder sécrètent une substance visqueuse, une sorte de lubrifiant, qui protège leurs yeux des fortes concentrations de sel. Quant à leur rétine, elle comporte des cônes et des bâtonnets tout comme la nôtre ; cependant, certaines limitations dans la perception des ondes lumineuses leur conféreraient une vision monochromatique. Néanmoins, des résultats scientifiques récents tendraient à prouver qu'ils auraient une vision bichromatique, mais nous ne savons toujours pas dans quelle mesure ils voient le monde en couleurs et, surtout, en quelles couleurs. Affaire à suivre.

Peau de dauphin

Souvent, on me demande à quoi ressemble la peau d'un dauphin au toucher. La sensation perçue est semblable à celle que l'on peut avoir quand on touche une botte en caoutchouc mouillée et chaude. Elle est douce, souple et tiède. Que ressent un dauphin quand on le caresse ? La peau des cétacés est bien innervée et sensible. Les zones les plus tactiles se trouvent sur la tête, et tapissent en particulier le melon, le rostre, les commissures de la bouche et le pourtour des yeux et de l'évent. Cette sensibilité serait semblable à celle que nous avons au bout de nos doigts ou sur nos lèvres.

Le sens complexe du toucher englobe à dire vrai une variété de sens : quand vous touchez avec votre main le dessus de la table, vous sentez votre main se déplacer (kinesthésie), vous connaissez sa position dans l'espace, si elle bouge ou non (proprioception), tandis que votre système nerveux acquiert des informations sur votre activité, grâce aux muscles notamment (intéroception). Selon certains auteurs, les dauphins utiliseraient ces sens pour naviguer, se nourrir et interagir avec leurs congénères. Ils seraient ainsi capables de sentir l'écoulement de l'eau sur leur corps, la pression variant avec les profondeurs. Grâce à ces informations, ils appréhenderaient mieux leur position dans le milieu aquatique. Par exemple, on sait qu'un certain type de mécanorécepteurs, servant à mesurer la pression, est présent sur toute la surface du corps des dauphins, mais de façon plus abondante autour de l'évent. Ces récepteurs surnuméraires autour de l'appareil respiratoire seraient mis à profit lors de la remontée en surface et garantiraient l'ouverture de l'évent à l'air libre et pas avant.

Une étude scientifique menée en parc zoologique sur trois grands dauphins a confirmé cette très grande sensibilité tactile autour du rostre, du melon et de l'évent, couplée à une décroissance de la perception de l'avant vers l'arrière du corps. Contrairement à l'humain, dont les extrémités du corps sont très sensibles, chez les dauphins, la nageoire dorsale et le bout de la caudale sont moins bien lotis. Il semblerait donc que ces animaux utilisent d'autres parties de leur anatomie pour capter des informations sur leur environnement, comme nous avons pu le souligner précédemment.

La delphinothérapie, ça marche ?

L'espèce humaine possède elle aussi un sens aigu du toucher, ce qui a poussé certaines personnes à s'aventurer sur un terrain glissant en tentant de soigner l'autisme chez de jeunes enfants avec des dauphins comme auxiliaires de santé. Si cette pratique existe depuis une quarantaine d'années, j'en ai été le témoin direct en 2007 alors que je me trouvais en Espagne, au delphinarium de Mundomar. J'étais venue en tant que chercheuse impliquée dans des études sur le sujet. Voilà comment se déroule la scène sur les vidéos prises par ma doctorante en psychologie Marie Maurer, dont le sujet de thèse portait précisément sur les interventions thérapeutiques assistées par les dauphins.

Un enfant que je nommerai Benjamin frappe avec vigueur la surface de l'eau de ses deux mains. Il semble y prendre un certain plaisir, émet de petits cris à connotation joyeuse, tout en ne prêtant aucune attention aux dauphins qui circulent autour de lui. Un peu plus tard, c'est au tour de Louis. Cette fois-ci, à chaque approche d'un dauphin, le petit garçon se détourne, essaie de rejoindre le bord et crie vigoureusement pour signifier son malaise. Benjamin et Louis sont deux enfants d'une dizaine d'années mais de cinq ou six ans d'âge développemental, car tous deux présentent des troubles du spectre autistique.

L'autisme est un trouble envahissant du développement qui perturbe l'ensemble des fonctions psychologiques. Il se manifeste notamment par une altération qualitative des interactions sociales et de la communication, et par des comportements, des intérêts et des activités souvent restreints, répétitifs et stéréotypés. Plusieurs chercheurs spécialisés dans l'autisme pensent qu'il toucherait la régulation de l'activité et altérerait le développement sensoriel, cognitif et émotionnel. Des études montrent que les personnes présentant un symptôme autistique tendent à préférer interagir avec des non-humains (des peluches ou des animaux) qu'avec des humains. Par conséquent, les interventions assistées par l'animal pourraient être un moyen de promouvoir les interactions chez les enfants souffrant de ce trouble.

Plusieurs ancrages théoriques expliquent de fait l'apport spécifique de l'animal : le jeune humain retire des bénéfices physiologiques, psychologiques et sociaux de la présence animale ; le caractère animé de l'animal lui offre l'opportunité de se confronter à un autre être vivant doué de mouvements propres et ayant une intentionnalité. Il le place dans une réciprocité des échanges sans se sentir jugé, comme ce pourrait être le cas en interagissant avec un humain. De plus, contrairement à ce dernier cas, avec un animal, les échanges sont pour l'enfant plus prévisibles, moins complexes ou ambivalents, et montrent de nombreuses similitudes, notamment une communication non verbale privilégiant le contact tactile. L'animal peut aussi être un élément distracteur, permettant à l'enfant de contrôler plus efficacement son anxiété.

Quid du choix de l'animal ? Afin d'intégrer les informations du monde extérieur, l'enfant doit développer cinq compétences : l'attention visuelle soutenue, l'organisation structurée du geste, l'élan d'interaction, les comportements affiliatifs et l'imitation. Or il apparaît que cinq animaux en particulier contribueraient au développement de ces compétences socles : le chien, le chat, le cheval, le perroquet et le dauphin, donc. La thérapie assistée par les dauphins (TAD), aussi dénommée delphinothérapie, a vu le jour en 1980 aux États-Unis, en Floride, sous la forme d'un programme régulier. Très populaire à la fin du XXe siècle, elle est moins étendue et encensée de nos jours, voire quelque peu controversée.

De la fin des années 1980 jusqu'au début des années 2000, des études font certes état de plusieurs effets bénéfiques, mentionnant une amélioration de la communication verbale, une facilitation dans les processus d'apprentissage, une meilleure expressivité émotionnelle ou encore une diminution des symptômes anxieux et dépressifs. Cependant, ces auteurs sont critiqués par la communauté scientifique, car ils oublient trop souvent de prendre en compte des facteurs supplémentaires, tels que l'effet anxiolytique de l'eau ou la prise de médicaments dans la progression des enfants.

Voilà pourquoi nous avions décidé de filmer une dizaine d'enfants présentant des troubles du spectre autistique lors de séances de TAD. En cherchant à analyser leur comportement et celui des dauphins, nous voulions répondre en particulier à cette question : comment vivent-ils ces mises en présence, chacun de leur côté ? Le point de vue des dauphins m'intéressait tout autant que celui des enfants.

En revisionnant les vidéos de Marie aujourd'hui, je suis frappée par deux choses : il est clair pour moi que certains enfants apprécient le fait d'être dans l'eau, mais que peu d'entre eux réalisent qu'il y a des dauphins autour d'eux. Certains craignent même cette présence animale qui rôde dans le bassin. Vu sous l'angle des dauphins, plusieurs manifestent des signaux d'inconfort et de mécontentement, frappant la surface de l'eau avec leur caudale et bousculant les jeunes humains.

Vous pressentez que notre étude n'a pas vraiment contribué à apporter du crédit scientifique à cette pratique. Comme dans les travaux antérieurs questionnant la delphinothérapie, elle a en effet montré que les enfants autistes passaient beaucoup de temps à regarder « ailleurs » et peu les dauphins. Ils étaient toutefois plus intéressés par les animaux que par le thérapeute présent à leurs côtés. Dans l'eau, les jeunes ont manifesté davantage d'expressions faciales positives que négatives. En ce qui concerne les dauphins, notre travail a révélé qu'ils passaient très peu de temps auprès des enfants, n'affichant qu'un très faible intérêt pour le couple enfant-thérapeute, et que cette attention était majoritairement négative.

Les interventions assistées par l'animal sont souvent plébiscitées, car elles sont le lieu d'échanges tactiles entre les humains et les animaux. Or nous n'avons décelé aucun intérêt manifeste pour cette modalité d'interactions, ni de la part des enfants ni de la part des dauphins. Enfants et dauphins semblaient évoluer dans l'eau côte à côte sans volonté d'interagir, ou alors avec une pointe d'agressivité de la part des dauphins.

Contrairement aux chiens et aux chevaux traditionnellement enrôlés dans ces interventions, le dauphin n'est pas un animal domestique. Bien que vivant près de nous lorsqu'il est en delphinarium, son quotidien et ses interactions avec les humains qu'il connaît bien sont différents. Pour les dauphins, ces enfants à la motricité altérée qui poussaient des cris aigus et avec lesquels ils ne pouvaient ou ne savaient interagir étaient souvent une source d'inconfort. En définitive, le bilan s'avérait catastrophique pour les enfants et les dauphins. Après cette étude, mon intérêt scientifique pour la thérapie assistée par le dauphin s'est rapidement tari, et aujourd'hui je continue à me battre pour que le dauphin soit mieux considéré dans cette médiation animale.

Pigeon voyageur

Si le toucher nous rapproche des dauphins, son sens de la magnétoréception nous en éloigne. La magnétoréception ? La capacité à percevoir les champs magnétiques. Les cétacés dans leur ensemble posséderaient de petites particules de magnétite, un minéral magnétique, dans certaines zones de leur corps très innervées. Lorsqu'ils s'orienteraient avec le champ magnétique terrestre, cette magnétite appuierait sur les nerfs, renseignant alors l'animal sur sa position. Mais, une fois encore, le manque de connaissances scientifiques brouille les pistes.

Comme les pigeons voyageurs, certaines baleines semblent bien s'orienter par rapport au champ magnétique terrestre au cours de leur migration, alors qu'il n'en est rien pour d'autres. Une étude menée sur des dauphins en parc zoologique a montré qu'ils sont capables de distinguer des objets selon leurs propriétés magnétiques. Cependant, nous ne savons toujours pas s'ils sont sensibles au champ magnétique terrestre, peu intense.

L'électroréception est l'analogue électrique de ce sens. Une expérience menée sur un dauphin de Guyane a montré que l'espèce était sensible à de faibles champs électriques, grâce notamment aux follicules dénués de poils qui sont situés sur la mâchoire supérieure de son rostre. Ces cavités, qui évoquent les ampoules de Lorenzini des requins et des raies, font office de détecteurs passifs. Les dauphins de Guyane emploieraient ainsi l'électroréception pour débusquer les proies enfouies dans le sol. Les grands dauphins se nourrissent de même de proies trouvées dans les sédiments marins : il est assez tentant de penser qu'ils pourraient être sensibles aux champs électriques.

D'autres indices laissent penser que les dauphins, dans leur globalité, savent mettre à profit les champs électriques pour traquer leurs proies. Les dauphins nouveau-nés possèdent des vibrisses richement innervées et incluses dans des follicules, longues de plusieurs millimètres. Chez les adultes, les cavités sont plus grandes et plus larges. Les dauphins adultes ne semblent pas posséder de vibrisses bien individualisées, mais plutôt un maillage de fibres kératiniques. Des dauphins ont montré qu'ils étaient capables de détecter des champs électriques d'amplitude variant entre 0,5 et 1,5 $mV.cm^{-1}$. Ce qui expliquerait comment ces mammifères marins détectent des proies enfouies dans le sol lors d'un comportement de nourrissage appelé *crater feeding*. Après avoir repéré grâce à leur sonar les proies cachées dans le sable, les dauphins s'enfouissent jusqu'aux nageoires pectorales et tournent sur eux-mêmes, créant ainsi des petits cratères pour les débusquer.

L'électroréception pourrait ainsi relayer la vision et l'écholocalisation en termes d'acquisition d'informations sensorielles. Après avoir repéré leurs proies visuellement ou par leur sonar, ils affineraient ainsi leur recherche via l'électroréception, qui pourrait donc être bien plus commune chez les dauphins qu'on ne l'imaginait initialement.

On le voit, la somme de nos connaissances scientifiques est encore très parcellaire. Difficile de savoir avec certitude comment les dauphins vivent et ressentent leur environnement. Je voudrais néanmoins relater une anecdote qui en dit long sur la puissance et la finesse de leur sensorialité.

Mon amie Birgitta m'a fait le récit suivant. Après avoir terminé une session d'apprentissage avec les dauphins, elle remonte sur la plage et, portant machinalement la main à son oreille, elle s'aperçoit que le fermoir d'une de ses boucles d'oreilles a disparu. Elle a bien la boucle, mais le minuscule fermoir est absent. Elle décide donc d'inspecter le fond du bassin sans grand espoir… c'est pire que de tenter de retrouver une aiguille dans une botte de foin. Après plusieurs tentatives infructueuses sous le regard curieux des dauphins, elle renonce. Alors que, assise sur le bord du bassin, elle ôte son masque et s'apprête à déclarer forfait, Pitchi, un dauphin mâle avec qui elle entretient une relation amicale forte, se dirige vers elle. Il progresse à la verticale, maintenant sa tête droite et hors de l'eau. Quand il arrive près d'elle, Birgitta se penche et aperçoit alors le minuscule fermoir posé en équilibre au bout du rostre de Pitchi… Des années après cet événement, Birgitta était encore émue quand elle me le racontait.

RÊVES AQUATIQUES

Île de la Réunion, port de Saint-Gilles. J'ai embarqué sur le zodiac de Duocéan, une société dirigée par mon ami Emmanuel Antongiorgi, un ancien professeur de plongée reconverti dans l'observation sous-marine des dauphins. Une équipe de télévision m'accompagne pour tourner un sujet sur la communication animale. Il est à peine 6 h 30 quand le moteur vrombit, nous propulsant vers l'océan Indien. En mer, tout le monde est mis à contribution pour scruter l'horizon, si bien que notre capitaine au regard exercé ne tarde pas à repérer un grand groupe de dauphins à long bec. Suivant la charte d'approche en vigueur sur l'île, nous nous dirigeons lentement vers eux et parallèlement à leur direction de déplacement. Sans le savoir, nous allons au-devant d'un des nombreux merveilleux mécanismes adaptatifs dont l'évolution a doté ces anciens mammifères terrestres.

Quelques minutes d'observation me suffisent pour comprendre que notre projet de tournage prend l'eau. J'échange un coup d'œil avec Emmanuel : nous sommes d'accord. Lui aussi a saisi que nous allons devoir faire preuve de patience. Je lui laisse le soin d'annoncer à l'équipe que les dauphins dorment, et qu'il faudra attendre leur réveil pour s'immerger. Évidemment, tous sont surpris : « Mais comment des dauphins peuvent-ils nager et dormir en même temps ? » me demande-t-on. C'est avec joie qu'ils acceptent d'attendre leur réveil. Emmanuel et moi sourions : le respect vis-à-vis de la vie animale est prôné et partagé.

Nous suivons les dauphins à distance. Une demi-heure plus tard, des individus commencent à s'écarter du groupe, à sauter, à réaliser des vrilles aériennes. L'ensemble accélère, décélère, accélère à nouveau. Les dauphins sont réveillés : nous pouvons préparer notre mise à l'eau.

Respecter ces phases de repos ou de sommeil est vital pour les animaux. Certaines espèces de delphinidés, comme les dauphins de Risso, dorment en groupe avec des individus très proches les uns des autres. Ils sont calmes, bougent lentement, remontent régulièrement à la surface, flottant quelques instants juste dessous ou à l'air libre. Les dauphins à long bec (ceux de la Réunion), quant à eux, chassent la nuit dans les grandes profondeurs et, au petit matin, recherchent des baies abritées et peu profondes pour se reposer. Ils nagent lentement, en décrivant généralement des trajets circulaires dans ces zones.

Hélas, ce comportement les rend particulièrement vulnérables aux touristes désireux de s'immerger avec eux. Il est très facile de repérer les zones de repos de ces dauphins et donc de s'y rendre. Comme, par ailleurs, leurs activités et leurs vitesses de progression sont réduites, ils sont rapidement rejoints par les nageurs. Il a donc été décidé à la Réunion de ne plus autoriser les activités de *whale-watching* tôt le matin, pour laisser les cétacés tranquilles. À Hawaï, l'État a pris une mesure plus drastique en interdisant la nage avec les dauphins à long bec.

Micro-siestes

Parmi les personnes qui cherchent à observer les dauphins, trop peu hélas savent repérer les phases de repos des cétacés et se jettent à l'eau n'importe quand. Contrairement à la majorité des animaux qui s'immobilisent ou se couchent pour dormir, les dauphins qui dorment continuent de nager. Les scientifiques ignorent s'il en est ainsi pour tous les cétacés. On ne sait pas grand-chose du sommeil des baleines, par exemple. Comment, dès lors, peut-on être certain que le dauphin est en train de dormir ?

En phase de sommeil, les mammifères terrestres sont dans un état de quiescence comportementale :

ils adoptent une posture spécifique et présentent une réduction de leur capacité à répondre aux stimulations externes. Les mammifères marins, eux, s'exposeraient à divers dangers s'ils restaient statiques en surface. Certes, ils remontent bien pour respirer, mais de manière brève et après de longues apnées. Comment font-ils pour dormir tout en nageant ? C'est tout simple : en parc zoologique, des enregistrements de leur activité cérébrale, des électroencéphalogrammes, ont révélé que les dauphins dormaient d'un œil ou plutôt d'un hémisphère.

Des dauphins qui dorment nagent de manière lente et régulière et ont souvent un œil fermé, celui en lien avec l'hémisphère cérébral au repos, et l'autre ouvert, celui en lien avec l'hémisphère cérébral en éveil. Comme chez nous, l'œil droit est relié à l'hémisphère gauche, et vice versa : quand l'œil droit d'un dauphin est fermé, son hémisphère gauche se repose. Un dauphin dort par phases durant de quatre à cent-trente-deux min (pour une durée moyenne de quarante-deux minutes), de deux à douze fois par jour. Bref, les dauphins pratiquent la micro-sieste ! Mais on ne sait toujours pas s'ils rêvent…

Mettre au repos une moitié du cerveau est l'une des multiples adaptations évolutives qui a vu des mammifères terrestres se transformer en créatures marines. Chez les humains (à l'instar de tous les mammifères terrestres), la respiration est un réflexe.

Mais cela va sans doute vous étonner : les cétacés (pas seulement les dauphins) doivent penser à respirer. Autrement dit, leur respiration n'est pas un acte involontaire. Grâce aux phases de repos unihémisphérique, ils conservent un état de vigilance compatible avec la respiration.

Un pouls ralenti

Le sommeil n'est pas l'unique adaptation à laquelle ces mammifères ont dû faire face en vivant sous l'eau. Comment l'évolution les a-t-elle façonnés ? Comment d'animaux terrestres sont-ils devenus ces champions aquatiques ? Voilà les questions que se posent les scientifiques. Et une prouesse les a tout particulièrement fascinés : les performances respiratoires des dauphins.

Un dauphin respire trois à quatre fois par minute. Si vous êtes joggeur, les chiffres qui suivent vont vous parler. Sa capacité pulmonaire est de 7 à 10 litres, sa ventilation pulmonaire (le renouvellement de l'air contenu dans les poumons) de 80 à 90 %, et l'extraction d'oxygène de l'air est de 10 %. Par comparaison, nous respirons dix à douze fois par minute, nous avons une capacité pulmonaire légèrement inférieure (6 litres), notre ventilation pulmonaire plafonne à 15-18 %, et nous extrayons seulement 5 % d'oxygène. En d'autres termes, à volume pulmonaire égal, un dauphin inspire trois fois plus d'air que nous et en tire deux fois plus d'oxygène. Bref, il respire avec un rendement six fois supérieur au nôtre !

Aussi impressionnantes que soient ses capacités respiratoires, elles ne suffisent pas à expliquer comment l'animal pratique des apnées excédant les quinze minutes. Diable, comment tient-il aussi longtemps sous l'eau ? Réponse : en plongée, les cétacés diminuent leur rythme cardiaque. Cette bradycardie (ralentissement cardiaque) est de 80 % chez les dauphins, contre 30 % chez un apnéiste entraîné. Les cétacés rentabilisent mieux leur respiration que les hommes, économisent l'oxygène en diminuant leurs battements cardiaques et en redistribuant le sang (j'y reviendrai).

Autre avantage pour tutoyer les abysses : les dauphins semblent ne pas être sensibles à l'« ivresse des profondeurs » causée par l'azote contenu dans l'air inspiré (la narcose à l'azote). Selon la loi de Dalton, bien connue des plongeurs, plus la profondeur augmente, plus la pression globale s'accroît, ainsi que la pression des gaz. Or l'azote, qui constitue 78 % de l'air que nous respirons, commence à devenir toxique pour le corps humain dès 30 mètres de profondeur. Les symptômes ? Euphorie, confusion, trouble de la vision, hallucinations, hystérie ou angoisse, etc. Les cétacés, eux, semblent insensibles à ces effets. Leur sont également épargnés les interminables paliers de décompression auxquels les plongeurs s'astreignent en remontant d'une plongée profonde.

Les cétacés inspirent et expirent au niveau de l'évent, cet orifice situé au sommet de leur tête. Le tractus respiratoire est séparé du tractus digestif : les dauphins ne peuvent pas s'étouffer en mangeant. L'évent s'ouvre et se ferme de manière volontaire. En parc zoologique, les soigneurs enseignent aux dauphins à expirer sur demande. Cet apprentissage, qui fait partie des soins vétérinaires, leur permet de récupérer régulièrement des « échantillons de souffle » des animaux, au moyen de boîtes de Pétri (ces petites boîtes circulaires munies d'un couvercle, qui sont utilisées en microbiologie lors de la mise en culture de bactéries, par exemple). L'examen de cet exsudat révèle la présence d'éventuels micro-organismes pathogènes déclencheurs de maladies respiratoires.

En milieu naturel, des chercheurs canadiens ont récolté des souffles de baleines à bosse à l'aide de drones dotés de boîtes de Pétri. Ils survolaient les baleines, et, lorsqu'elles expiraient, des échantillons de souffle étaient collectés pour être ensuite analysés. C'est un moyen efficace et non intrusif de suivre l'état de santé de ces animaux à l'état sauvage !

L'évent rappelle que les dauphins étaient des mammifères terrestres il y a 56 millions d'années. Ce n'est pas le seul vestige de cette époque : après une longue gestation, les femelles allaitent leur petit, et, si vous regardez avec attention le ventre des baleines et des dauphins, eh bien, vous verrez leur nombril et en descendant vers la nageoire caudale des fentes mammaires… Par ailleurs, contrairement aux poissons avec lesquels ils ont été confondus jusqu'au XVIIIe siècle, et dont la nageoire caudale verticale bouge dans l'axe horizontal, celle des cétacés est horizontale et oscille dans l'axe vertical. C'est un indice très utile quand j'observe un animal gris au corps allongé approcher du bateau et que j'hésite entre un requin et un dauphin.

Qui étaient les ancêtres des dauphins ? Des animaux appartenant à l'ordre des artiodactyles, des ongulés dont les pattes ont deux doigts principaux égaux et parfois des doigts plus petits. Parmi les ongulés figurent aujourd'hui les chameaux, les antilopes, les cerfs, les girafes, les hippopotames ou encore les pécaris. Cela exige un certain effort pour imaginer un dauphin descendre en quelque sorte d'un chameau, et pourtant, c'est vrai !

Le mystère des origines

À quoi ressemblaient les premiers cétacés ? Et quand sont-ils apparus ? L'origine de ces animaux est longtemps restée une énigme. Il a fallu attendre 1991 et le génie de la biologie moléculaire pour trouver un lien de parenté des cétacés avec les artiodactyles, à la suite de l'analyse d'une séquence d'ADN mitochondrial (la mitochondrie est un organite présent dans chaque cellule et disposant d'un génome propre) d'un gène particulier, le cytochrome b. Un petit os va aussi se révéler extrêmement précieux dans l'identification des ancêtres des cétacés : l'astragale. Comme tous les mammifères, les humains y compris, les artiodactyles possèdent dans la cheville un osselet constituant le tarse, nommé l'astragale. Cependant, dans ce groupe d'animaux, l'astragale a une forme unique en double poulie.

Le plus ancien cétacé connu est *Pakicetus inachus*, ainsi baptisé car il a été trouvé au Pakistan dans les années 1980. Il date d'il y a environ 50 millions d'années et possède bien un astragale en forme de double poulie ! Il ressemble davantage à un chien qu'à un dauphin ou une baleine, avec ses quatre pattes bien développées, son museau effilé et sa longue queue, mais il arbore déjà une particularité propre aux cétacés actuels : un épaississement osseux dans une région particulière du crâne. À quoi sert-il ? Quand vous mettez la tête sous l'eau, vous percevez les sons de manière diffuse, sans pouvoir en localiser la source. Pour savoir d'où viennent les sons, les cétacés ont vu leurs os s'épaissir dans cette région du crâne, gage d'une meilleure conduction.

Pourquoi l'ordre des cétacés est-il subitement apparu ? Il semble que la disparition massive de plus de 75 % des espèces vivant sur Terre il y a 66 millions d'années, probablement à la suite d'une collision avec un astéroïde, ait libéré de nouvelles niches écologiques. La disparition des grands prédateurs marins, tels que les plésiosaures et ichtyosaures, et donc la suppression de toute concurrence, auraient ainsi permis à d'autres mammifères de conquérir cet habitat. On pense que les premiers cétacés sont apparus à cette époque, au début de l'ère tertiaire.

D'autres créatures intermédiaires suivront après *Pakicetus*. *Ambulocetus natans*, le « cétacé marcheur qui nage », il y a 48 millions d'années, une grosse loutre de 3 mètres de long, possédait de puissantes pattes postérieures qui servaient d'organes propulseurs. *Ambulocetus* était capable de se déplacer sur terre à la manière chaloupée d'une otarie. Vers 47 millions d'années, *Rhodhocetus* et *Artiocetus*, tous deux également trouvés au Pakistan, montrent de nouvelles adaptations à la vie aquatique. Ils possèdent des petits sabots, avec des membres postérieurs certainement palmés pour faciliter la nage, tandis que leurs narines ont commencé à reculer vers le crâne sans atteindre la position actuelle.

À la fin de l'Éocène, vers 40 millions d'années, la conquête du milieu aquatique se précise, et des animaux totalement aquatiques appartenant à la famille des Basilosauridés apparaissent. *Dorudon*, *Cynthiacetus* et *Basilosaurus* ont des membres antérieurs en forme de palette natatoire, des membres postérieurs atrophiés, leurs dernières vertèbres caudales se transformant en nageoire caudale, mais leurs narines n'ont toujours pas atteint leur position actuelle. La famille des Basilosauridés donnera naissance aux deux groupes des cétacés actuels : les mysticètes (pour mémoire, les baleines à fanons), comme les baleines à bosse ou les baleines bleues, et les odontocètes (les cétacés à dents), qui regroupent les dauphins, les cachalots ou encore les globicéphales, notamment. Le fait évolutif le plus notable est donc le *télescopage* du crâne : les narines sont repoussées vers l'arrière et vers le sommet du crâne pour former l'évent. Le bénéfice ? Dorénavant, ces animaux peuvent respirer en affleurant la surface avec le sommet de leur crâne : plus besoin de sortir la tête de l'eau !

Les premiers odontocètes ont encore des dents individualisées et des narines en position intermédiaire. Ce groupe se caractérise par une adaptation remarquable qui va leur permettre de se déplacer dans le milieu aquatique sans recourir à la vision : il s'agit de l'écholocalisation, ce système de sonar dont nous avons déjà parlé, très efficace pour se déplacer dans un environnement où la visibilité est réduite.

Dans le groupe des odontocètes figure une douzaine de familles : les Delphinidae (avec une trentaine d'espèces, dont les grands dauphins et les orques), les Physeteridae (les cachalots), les Lipotidae (les dauphins de Chine aujourd'hui en danger critique d'extinction, peut-être même éteints), les Monodontidae (bélugas et narvals), les Phocoenidae (les marsouins), les Ziphiidae et les Platanistidae (dauphins d'eau douce), etc. Souvent, on parle des « dauphins » sans en préciser l'espèce. Or cette famille en recèle une bonne trentaine. Ainsi, les orques sont plus proches des grands dauphins que ne le sont les dauphins de Chine ou les dauphins d'eau douce, qui ne sont pas des delphinidés. Pas toujours facile de s'y retrouver.

L'histoire évolutive des cétacés se construit aujourd'hui au fil des découvertes de fossiles de par le monde, comblant peu à peu les « trous » laissés dans la reconstitution historique. Des questions persistent : quand est apparue exactement l'écholocalisation ? Pourquoi les dauphins sont-ils en mesure de produire des clics d'écholocalisation et pas les baleines ? À n'en pas douter, dans les années à venir, de nouvelles pièces seront apportées au puzzle de l'évolution des cétacés et éclaireront leurs formidables adaptations.

Quand des pattes font le buzz

De temps en temps, des images de dauphins ayant développé des moignons de pattes postérieures font le tour d'Internet. Ces événements sont bien sûr rares, mais témoignent de leur origine ancestrale de quadrupèdes : les membres antérieurs sont devenus des palettes natatoires. Leur ossature illustre leur proximité avec celle d'une main humaine, les membres postérieurs demeurant à l'état de vestiges. Leur corps garde d'autres traces de leur ancêtre terrestre : des « poils ». Si le corps des dauphins semble glabre, on trouve des bulbes ou follicules pileux sur leur tête, et tout particulièrement sur leur rostre et autour de l'évent.

La persistance d'une certaine pilosité chez les cétacés pose question : à quoi servent ces poils ? Ils sont souvent comparés aux vibrisses des animaux terrestres. Chez la plupart des espèces de dauphins, ces poils régressent ou disparaissent à l'âge adulte. Cependant, chez certaines espèces comme les dauphins d'eau douce, ces follicules pileux persistent et sont fonctionnels. Comme nous l'avons vu précedemment, les scientifiques pensent qu'ils joueraient un rôle dans la mécanoréception, la proprioception et l'électroréception. Les vertébrés aquatiques possèdent de fait dans leur épiderme des mécanorécepteurs. Ce sont des organes sensibles aux tout petits déplacements locaux dans l'eau, par exemple à ceux produits par d'autres animaux, qui sont ainsi repérés et localisés.

La proprioception est le sens qui permet de repérer son propre corps dans l'espace, et nous avons déjà croisé l'électroréception, qui est la détection de champs électriques dont sont capables les requins, les raies ou l'ornithorynque, autre mammifère. Les « poils » des cétacés fonctionneraient donc comme des récepteurs de toucher à distance et des détecteurs de champs électriques. Ils aideraient les animaux à repérer la position de leur corps dans l'espace et à détecter la présence de proies.

Au cours des dizaines de millions d'années d'évolution, en même temps que les pattes et les poils régressaient, une autre zone du corps se modifiait : les dents. Au départ différenciées comme chez nous (avec la présence de molaires, d'incisives, etc.), les dents des premiers cétacés ont peu à peu toutes adopté la même forme de cône. Aujourd'hui, ces dents servent à saisir et à déchirer. Les dauphins ne mastiquent pas, aussi il n'est pas rare, quand des jeunes ont les yeux plus gros que la bouche, de les voir secouer frénétiquement la tête pour se débarrasser du trop-plein du repas qu'ils ont en gueule !

Assez pointues, ces dents laissent des marques sur la peau fragile des animaux ayant été mordus, qu'il s'agisse d'un congénère lors d'une bagarre ou d'un jeu un peu violent, voire d'une proie. L'espacement des dents variant d'une espèce à l'autre, il est donc possible d'identifier l'espère d'odontocètes à l'origine des morsures, en mesurant la distance entre les marques de dents. C'est par ce moyen que le super-prédateur des mers, l'orque, est souvent identifié comme l'auteur de nombreuses attaques sur d'autres delphinidés.

Dans la peau d'un athlète

Au cours de mes missions à Hawaï, j'ai observé quelquefois des groupes entiers de dauphins à long bec progresser par bonds successifs, à grande vitesse. Tous les individus bondissaient rapidement dans la même direction, formant un superbe ballet bouillonnant. Il est fort probable qu'ils souhaitaient alors s'écarter de ce qu'ils identifiaient comme un danger (prédateur ou bateau). Si le corps des dauphins est manifestement adapté à ce type de progression rapide, il ne faut pas négliger le rôle de la peau.

Il y a environ quatre-vingts ans à l'université de Cambridge, au Royaume-Uni, le zoologiste Sir John Gray démontrait que la structure toute particulière de la peau des dauphins, comparable à une balle de golf alvéolée, conférait en effet à ces animaux des particularités qui leur permettaient de réduire la résistance de l'eau et donc de progresser à vive allure dans un milieu liquide. En 2019, des chercheurs de plusieurs universités américaines, en collaboration avec le parc zoologique de SeaWorld à San Diego, en Californie, prouvaient que la peau des dauphins est lisse, comparée à celle de poissons comme les requins. En fait, la peau des cétacés arbore bien de petites crêtes, mais elles varient selon les individus d'une même espèce et ne constitueraient pas une adaptation pour réduire les résistances dues aux turbulences causées par le mouvement de leur corps dans l'eau à une certaine vitesse. Pas toujours facile d'attribuer une fonction à un organe ou à une particularité anatomique, d'autant que, pour se déplacer rapidement, les dauphins adoptent un comportement qualifié de marsouinage : ils progressent par bonds successifs hors de l'eau en rasant la surface.

Autre particularité de la peau des dauphins : ils en changent à une vitesse record. Le renouvellement des cellules de l'épiderme s'effectue toutes les deux heures (contre vingt-huit jours chez les humains). Il n'y a pas véritablement de mue, contrairement aux bélougas de l'Arctique, par exemple, qui perdent leur peau en été, lorsque la température de l'eau et la salinité plus faibles favorisent le renouvellement cellulaire. Chez les grands dauphins, les frottements de l'eau sur leur derme lors de leurs déplacements aident à décoller les peaux mortes. Quand ce n'est pas suffisant, ils se frottent sur un substrat. En parc zoologique, on les voit fréquemment se gratter sur le bord de leurs bassins ou sur des supports fournis par leurs soigneurs pour qu'ils puissent se desquamer.

Sur l'île de Vancouver, au Canada, il existe une plage nommée « Rubbing Beach » (*to rub* signifie « frotter » en anglais) où les orques ont pris l'habitude de se frotter sur les galets qui en tapissent le fond. Cette plage de faible profondeur (inférieure à 2 mètres) semble donc être l'endroit idéal pour ce massage hygiénique. Quand j'y suis allée, j'ai observé plusieurs orques se frotter en même temps sur le fond pendant que d'autres paraissaient attendre leur tour. Pratiquer ce gommage en compagnie de congénères rajoutait très probablement un aspect social à cette activité. Les bélougas, quant à eux, choisissent les estuaires pour se desquamer : ils se frottent sur les cailloux et sur les surfaces calcaires abrasives. Les sensations intenses procurées par ce gommage seraient apaisées par l'eau douce, plus tiède que l'océan salé et froid, ce qui accélérerait aussi la mue.

Les peaux mortes des cétacés sont des cadeaux pour les scientifiques. Ils les récupèrent pour en analyser l'ADN et ainsi déterminer le sexe des individus et leur filiation, par exemple. Très opportunément, il m'est arrivé de collecter des fragments d'une dizaine de centimètres pour des généticiens, en me contentant de nager dans le sillage d'un groupe de cachalots à l'île Maurice ou dans celui d'une baleine à bosse qui venait d'exécuter un saut à la Réunion. Nous pensons en effet que les sauts des cétacés leur permettraient de se débarrasser des peaux mortes de leur épiderme, car en mer il n'est pas toujours facile de dénicher un support sur lequel se frotter…

Dernière adaptation évolutive : leur système sanguin. Les dauphins ont presque conquis toutes les mers et tous les océans du globe. Leur distribution géographique est très vaste. Ils vivent dans des eaux chaudes (par exemple les dauphins tachetés des Bahamas) et tempérées (les dauphins bleu et blanc de la Méditerranée). Pour prospérer et se reproduire dans ces températures variées, les dauphins bénéficient d'un précieux atout : le *rete mirabile*.

Sous cette locution latine, que l'on traduit souvent par « réseau admirable », se cache un système anatomique subtil d'artères et de veines où les secondes, organisées en réseau, enveloppent les premières. Il est présent chez certains vertébrés, dont les ruminants, mais aussi chez des poissons (par exemple les thons ou certains requins), avec diverses fonctions. Chez les dauphins, il sert d'échangeur thermique : voyons comment.

De manière générale, le sang des artères qui part du cœur est plus chaud que celui des veines qui va vers le cœur. Or les nageoires pectorales, dorsale et caudale ne sont pas isolées par une épaisse couche de graisse. Dans les eaux froides, les cétacés augmentent dès lors leur température corporelle par vasoconstriction : le sang chaud contenu dans les artères sert à réchauffer celui qui s'est refroidi dans la peau et aux extrémités (dans les nageoires) et qui revient dans les veines entourant les artères. Ce système de recyclage de la chaleur évite des déperditions caloriques dans l'environnement, quand le sang arrive vers la peau. C'est le principe des puits canadiens de nos maisons !

À l'inverse, dans les eaux chaudes, lorsque les dauphins souhaitent diminuer leur température corporelle, les artères se dilatent, augmentant l'afflux de sang vers les extrémités. Elles écrasent alors les veines qui les entourent, réduisant le flux de sang et donc les échanges de chaleur. Le système assure ainsi aux cétacés une homéothermie dans des eaux froides ou chaudes. Outre ses fonctions dans la thermorégulation, le réseau admirable permettrait notamment de stocker du sang, de réguler le flux sanguin et d'amortir les effets de la pression. En 2022, des chercheurs ont suggéré que le *rete mirabile* des cétacés aurait d'autres fonctions : il protégerait leur cerveau en réduisant les différences de pression sanguine, tout en facilitant leur locomotion générée par la nageoire caudale.

Dans ce corps relativement lisse, doté d'une expressivité toute relative pour une personne naïve, se cachent donc des pépites évolutives très efficaces pour vivre en milieu sous-marin. Les percées scientifiques nous en apprennent chaque jour ou presque un peu plus sur ces étonnantes adaptations. Elles nous aident surtout à mieux comprendre ce que c'est que de vivre dans l'océan avec un corps de dauphin.

PARTIE II

DANS LA TÊTE D'UN DAUPHIN

INTELLIGENCE ET ÉMOTIONS

INDIVIDUALITÉS

L'une de mes plus grandes joies en tant que chercheuse, c'est de découvrir les personnalités des animaux que j'étudie. De mes missions aux Bahamas, je me souviens par exemple d'Amanda, une jeune femelle dauphin tachetée. Constater que les humains étaient munis d'orteils articulés l'avait visiblement interloquée au plus haut point. Elle s'arrêtait à nos côtés, nous ôtions palmes et chaussons et bougions nos extrémités. Quand sa curiosité était satisfaite, elle partait inspecter un autre nageur. Ainsi, nous avons passé un été à nous déchausser pour satisfaire sa curiosité, chaque fois qu'elle était là !

Quand on s'immerge pour la première fois avec un groupe de dauphins, une chose frappe immédiatement : *certains* individus ne tardent pas à venir à votre rencontre. J'ai mis l'accent sur *certains*, car, lorsque vous connaissez bien le groupe dans son entier, vous comprenez que ce sont très souvent les mêmes qui manifestent de l'intérêt à votre égard. Les cétologues le savent bien, et c'est en pratique le biais qu'ils craignent le plus : comment tester des hypothèses sur le groupe si ce sont toujours les mêmes individus qui s'approchent ? Ailleurs, ce sont certaines femelles qui autorisent leur bébé à venir vers vous, tandis que d'autres veillent sur leur progéniture avec une grande vigilance… Donc, il y aurait des dauphins extravertis, curieux et aventureux, et d'autres plus timides ?

Au delphinarium du Parc Astérix, une jeune femelle adulte nommée Baily était connue pour toujours trouver un moyen de faire ce qu'elle voulait. Câline, charmeuse et attachante, elle était aimée de beaucoup de soigneurs. Elle était curieuse, et, si un objet l'intéressait, elle pouvait passer des heures à l'examiner sous tous les angles et à le manipuler, voire à le démonter ! En revanche, si d'aventure elle était blasée par une expérience, elle filait rejoindre sa fille déjà sevrée et nous montrait ostensiblement que son rôle de mère l'accaparait trop pour nous accorder un instant de son précieux temps…

Aya, une autre femelle au caractère bien tranché, n'éprouvait, elle, aucune difficulté à nous faire comprendre ce qu'elle aimait ou abhorrait. Au contraire, Guama, un mâle adulte, se montrait plutôt peureux et laissait toujours les autres prendre l'initiative quand se présentaient une situation nouvelle ou un objet insolite. Les dauphins sont tous dissemblables. Dès lors, une question surgit : peut-on étudier et connaître la personnalité des dauphins de la même manière que les psychologues catégorisent leur pendant humain ?

Il existe un débat de spécialistes quant à l'utilisation des mots « tempérament » ou « personnalité ». Le premier désigne les tendances qui apparaissent tôt dans le développement d'un individu et qui agissent l'une sur l'autre, modulées par des influences environnementales. « Tempérament » est ainsi utilisé par les scientifiques venant de l'écologie comportementale, car ils s'y retrouvent en termes de survie et de succès reproducteur de l'espèce. Par exemple, les êtres vivants au tempérament audacieux auraient tendance à prendre des risques, à tester de nouvelles choses, à innover, se mettant parfois en danger. Des études montrent que certains poissons intrépides tendraient à être davantage la proie d'oiseaux marins, par rapport à des poissons au tempérament timide. Les individus les plus réservés resteraient en retrait, mais a contrario, cela les empêcherait parfois de tenter de s'extirper de situations dangereuses. Donc, en termes de survie, l'existence d'animaux aux tempéraments audacieux et timides se comprend. Quant au terme de « personnalité », il se réfère aux sujets et incarne des traits stables dans le temps, d'affection, de cognition et de comportement. On parlera d'individus néophobiques, par exemple. Dans le premier cas, on s'intéresse à l'espèce dans sa globalité, dans le second, aux individus.

Tempéraments et personnalités sont étudiés soit en observant directement les animaux dans des activités spontanées ou dans des protocoles expérimentaux testant leur réaction face à un objet nouveau ou à un humain familier ou non, soit au travers de questionnaires remplis par des personnes passant du temps avec eux, soigneurs en parc zoologique ou propriétaires d'animaux domestiques. Des animaux domestiques (chiens, chats, chevaux) et appartenant à la faune sauvage captive (éléphants, singes, hyènes, otaries ou poissons) ont fait l'objet de telles études. Il est souvent préférable de combiner plusieurs méthodes pour bien cerner la personnalité des animaux. Vous allez vite comprendre pourquoi.

Un cliché battu en brèche

Commençons par le commencement : que nous ont appris les études sur les dauphins ? L'une, réalisée sur 134 dauphins dans plusieurs parcs zoologiques, a révélé que leur personnalité se structurait autour de quatre axes majeurs :

1/ l'ouverture, qui caractérise un animal joueur, enthousiaste, impulsif ;

2/ la sociabilité : le dauphin est-il amical, calme ou souple ?

3/ le facteur « désagréable », pour un animal dominant, jaloux, agressif ou lunatique ;

4/ la directivité, qui reflète un dauphin intelligent, audacieux, dominant et habile.

Si les trois premiers facteurs ont été mis en évidence chez d'autres espèces animales, le trait de « directivité » est propre aux dauphins. Ce résultat est très intéressant, et il égratigne le cliché du gentil dauphin que le grand public a en tête. On a du mal à les imaginer dominants, jaloux, agressifs et « directifs », et pourtant ces animaux ont des caractères bien trempés !

Pourquoi est-il important de connaître le caractère des dauphins ? La personnalité influe sur leurs apprentissages et leur vie sociale. Par exemple, au sein d'un groupe, les jeunes les plus aventureux sont aussi ceux qui scrutent souvent du regard leurs congénères et ont tendance à reproduire leurs actions. Ce sont des pionniers, ils explorent davantage, se dirigent vers un nouvel objet, tentent des choses inédites. Ils ont aussi tendance à forger leurs propres défis personnels. Cela ne vous étonnera pas d'apprendre que ce profil joue un rôle important dans une communauté. Ces dauphins remplissent un rôle central dans la cohésion et la stabilité du groupe, mais aussi dans la diffusion des informations au sein de la communauté. Ils deviennent souvent des modèles pour leurs jeunes congénères.

Et dans la société des dauphins, cela se traduit notamment par le fait que les sujets extravertis jouissent habituellement d'une position sociale supérieure à celle des individus timides. Tournés vers les autres, ils alimentent ainsi à leur tour les apprentissages sociaux de la communauté. Par ailleurs, en créant de la diversité dans le groupe, ils contribuent à créer une meilleure adaptabilité de celui-ci aux changements environnementaux et sociaux. Il semblerait d'ailleurs que le lien entre deux camarades de dyade soit renforcé lorsque chacun des individus exprime des degrés d'extraversion et de névrosisme (irritabilité, fatigabilité, manque de concentration) différents, mais un degré de conscience, une attention pour ce qui se passe autour identiques. Ces deux profils seraient en quelque sorte complémentaires et assureraient un lien fort et durable.

Mon frère et moi avons eu la chance d'être élevés par une mère qui nous laissait assez de liberté – grimper dans les arbres et partir explorer la campagne environnante, par exemple –, mais qui savait être stricte par moments, notamment concernant des devoirs à faire et lorsque nous visitions la famille. Chez les dauphins aussi, les mères peuvent se montrer laxistes ou strictes. Le parallèle entre humains et animaux est certes tentant, mais attention à tout anthropomorphisme. Au Parc Astérix, les trois enfants terribles qu'étaient Aïcko, Galéo et Ekinox se livraient parfois à des jeux relativement violents, un comportement fréquent chez les jeunes mâles. Derrière le rideau de bulles causé par leur agitation, ils se mordaient (parfois jusqu'à laisser des marques de dents les uns sur les autres), se bousculaient, se poursuivaient, s'infligeaient des coups de nageoire caudale, fonçaient à travers les bassins comme des torpilles.

Comment réagissaient les mères ? Celles d'Aïcko et de Galéo continuaient de vaquer à leurs occupations, indifférentes à ce tohu-bohu bouillonnant. La mère d'Ekinox, Femke, en revanche, s'approchait alors et les suivait dans leurs déplacements, vraisemblablement inquiète. Puis, n'y tenant plus, elle se précipitait sur le trio et éloignait Ekinox en s'interposant entre ses compagnons et lui. Il tentait parfois de les rejoindre, mais c'était compter sans la détermination de sa génitrice. Il nageait ensuite avec celle-ci, tout en jetant des regards envieux vers Aïcko et Galéo, qui jouaient encore ensemble…

Ces différentes réactions témoignent-elles de styles maternels variés ? Je le pense. Élever un jeune, dispenser des soins maternels pour une femelle de mammifère revient notamment à allaiter, protéger, stimuler, inspirer, jouer, explorer… Toutes les mères ne se comportent pas de manière identique dans ces activités.

En milieu naturel et en parc zoologique, j'ai eu l'occasion de me rendre compte que les styles maternels s'échelonnent sur un continuum allant des mères dites protectrices aux mères permissives. La protection se traduit par une grande proximité physique entre la mère et son petit, une mère qui initie les contacts, qui empêche son bébé de s'éloigner d'elle et qui est vigilante (elle vérifie régulièrement ce que fait son petit). À l'autre bout du spectre, les mères permissives autorisent leur bébé à explorer l'environnement et lui laissent prendre des initiatives. Parfois un peu trop, et ce sont les autres mères qui rappellent à l'ordre le petit laissé tout seul ou sa mère trop peu vigilante.

Je songe notamment à une femelle dauphin tachetée aux Bahamas, nommée Caroh. Jeune, Caroh était un « garçon manqué » – turbulente, aventurière, curieuse des humains. À l'âge adulte, elle est devenue une mère peu maternelle. Nous avons malheureusement constaté la perte d'au moins deux de ses petits… probablement car elle ne savait pas comment s'en occuper et/ou n'y prêtait guère attention.

Dans les cas extrêmes, on trouve des mères restrictives et des mères qui rejettent leur petit. En parc zoologique et en milieu naturel, j'ai ainsi vu des mères s'éloigner à l'approche de leur bébé, les fuyant ostensiblement, s'écartant quand ils tentaient de s'accrocher à leurs mamelles et parfois claquant des mâchoires à leur arrivée ou leur assenant des coups de nageoire caudale.

La shérif du bassin

Dans les années 2010, deux de mes étudiants ont mené une étude sur les personnalités des dauphins : l'une au Parc Astérix et l'autre au zoo de Kolmarden, en Suède. Ils observaient les dauphins au cours de leurs activités quotidiennes et classaient leurs comportements selon les traits de personnalité. Au Parc Astérix, quand ils ont présenté leurs résultats aux équipes, les soigneurs ont acquiescé, reconnaissant immédiatement dans les portraits brossés les animaux avec lesquels ils travaillaient au quotidien. Les trois jeunes mâles classés comme curieux, joueurs et extravertis ? C'était évidemment leurs trois petites terreurs, Aïcko, Ekinox et Galéo ! Par ailleurs, ils ont validé le fait que les vieux animaux se rangeaient parmi les moins sociables et les moins tolérants.

En Suède, une surprise est survenue. L'ensemble des résultats collaient avec les impressions des soigneurs, à l'exception d'une femelle adulte. Mes étudiants la décrivaient comme agressive avec ses congénères et assez directive. Un vrai shérif du bassin ! Aux dires des soigneurs, c'était en revanche la plus douce des femelles, à leur égard comme à celui de ses congénères. La question s'est posée de savoir si mes étudiants ne s'étaient pas trompés dans son identification visuelle, mais les enregistrements vidéo étaient sans appel : il s'agissait bien d'elle. Très bonne « communicante », elle ajustait son comportement en fonction de ses interlocuteurs.

Un autre trait distinguait les femelles du Parc Astérix. Femke, la femelle très protectrice à l'égard de son fils, était plutôt pessimiste, et la curieuse Baily, davantage optimiste. Comment le sais-je ? Il s'agit de qualificatifs d'ordinaire attribués aux humains, mais ils s'appliquent également aux dauphins. C'est une expérience réalisée par l'une de mes doctorantes qui a opéré cette distinction. Nous avions appris aux dauphins que, s'ils touchaient une cible dans le bassin, ils recevraient à leur retour sur la plateforme d'envoi caresses, félicitations verbales et beaucoup de poissons (situation A). En revanche, s'ils touchaient la cible quand elle était positionnée en un second endroit, ils ne recevraient cette fois que de brèves félicitations verbales (situation B). Le test pour nous consistait à déplacer la cible en position intermédiaire par rapport à ces deux positions de référence et à observer la réaction des dauphins. Ma doctorante avait adapté ce test, conçu au départ pour d'autres animaux.

Pour mieux comprendre le sens de l'expérience, voici comment nous opérions. Dans la situation A (cible en première position), les dauphins se dirigeaient vers leur objectif et retournaient ensuite vers leur soigneur très rapidement, alors qu'ils prenaient leur temps dans la situation B (cible en seconde position). En phase de test, nous placions la cible à équidistance entre les deux positions et chronométrions les temps de retour des dauphins vers la plateforme. Un dauphin optimiste considérera cette nouvelle position comme suffisamment proche de la position de la situation A et se dirigera rapidement vers la cible, alors qu'un dauphin pessimiste l'envisagera comme proche de la position de la situation B et reviendra plus lentement. Avec ce dispositif, nous avons ainsi pu savoir lesquels, parmi nos dauphins, voyaient le verre à moitié vide ou à moitié plein – j'y reviendrai plus tard.

Nos résultats ne s'arrêtent pas là : nous avons montré que les dauphins les plus optimistes étaient ceux qui nageaient souvent avec leurs congénères de manière synchrone et lente. Or ce comportement dit affiliatif (une interaction sociale positive) est important chez ces mammifères marins. Attention, nous ne connaissons pas la nature du lien entre la nage synchrone et lente et l'optimisme (causalité ? corrélation ? association ?) : la fréquence des nages synchrones induit-elle des états affectifs positifs ? Ou les états affectifs positifs incitent-ils les dauphins à nager en harmonie ? Dans tous les cas, cette nage synchrone lente entre deux dauphins est indicatrice d'un état affectif positif. Les dauphins optimistes nagent donc lentement et de manière synchrone avec des congénères. La prochaine fois que vous voyez des dauphins évoluer ensemble, observez leur nage : vous pourrez ainsi déterminer leur état affectif et leur caractère optimiste ou pessimiste.

De l'adoption chez les dauphins

La personnalité favorise parfois l'apparition de comportements très singuliers chez les animaux. C'est notamment le cas d'une femelle grand dauphin vivant dans la passe de Tiputa, en Polynésie française. Cette femelle primipare a été observée nageant avec son petit et avec… un bébé péponocéphale. Les péponocéphales, ou dauphins d'Électre, appartiennent aussi à la grande famille des delphinidés et fréquentent les mêmes eaux que les grands dauphins dans cet endroit du Pacifique. Pourquoi cette femelle a-t-elle adopté un bébé d'une autre espèce ? Impossible de le savoir. Nous supposons que son inexpérience en soins maternels, sa personnalité et le comportement du jeune péponocéphale (suivre cette femelle, maintenir des contacts sociaux) ont joué dans cette adoption interspécifique.

Des cas d'adoption sont régulièrement rapportés, notamment aux Açores : des cachalots semblent avoir adopté un grand dauphin présentant une déformation de la colonne vertébrale. Il y a quelques années, des articles relataient l'adoption d'une antilope par une lionne.

Dans une société animale, certains individus étendraient les soins parentaux à des congénères non apparentés ou à des petits d'une autre espèce. Je serais très curieuse de connaître leur personnalité…

Métamorphose intérieure

Comment brosser le portrait des dauphins ? Il y a les dauphins en général et les catégories que nous venons de survoler. Et puis il y a *ces* dauphins… Je profite de ce chapitre sur la singularité des individus pour vous présenter deux dauphins qui m'ont marquée comme chercheuse, mais aussi dans ce qui m'anime au plus profond de mon être. Il est impossible de raconter ces rencontres dans un article scientifique. Seul un livre le permet.

Beauty est une femelle grand dauphin, aujourd'hui âgée d'une cinquantaine d'années. Elle vit actuellement avec sa fille et sa petite-fille dans un delphinarium espagnol parmi d'autres grands dauphins. J'ai croisé sa route en 2006, quand j'ai commencé à travailler au delphinarium du Parc Astérix. Originaire des Caraïbes, Beauty est une femelle athlétique au corps assez longiligne de couleur sombre, à la peau plus foncée que la majorité des dauphins, tandis qu'une tache blanche souligne le contour de son évent. Dans son précédent lieu de vie, un delphinarium en Allemagne, elle avait vécu plus d'une demi-douzaine de gestations et de naissances, mais aucun de ses bébés n'avait survécu. À son arrivée en France, elle était distante vis-à-vis des humains et n'appréciait guère d'être caressée par les soigneurs. Jusqu'à ce qu'un beau jour, Beauty mène une gestation à terme et donne naissance à un bébé viable.

Cette maternité a transformé Beauty et a sans conteste contribué à son épanouissement. Birgitta Mercera, la responsable du delphinarium, la décrivait à l'époque comme une « maman poule heureuse ». Elle s'est révélée très protectrice à l'égard de sa fille, la fameuse Baily, et, au fil des ans, s'est rapprochée des soigneurs. Elle s'est mise à rechercher parfois leur contact et acceptait d'être caressée. Cela a été un long chemin pour instaurer une confiance mutuelle.

En captivité comme en milieu naturel, tous les nouveau-nés n'arrivent pas à maturité. Beauty, déjà mère de Baily et d'un jeune mâle, s'est retrouvée à nouveau gestante, mais a dû vivre l'épreuve de perdre ce nouveau bébé. Les soigneurs qui observaient Beauty et son bébé vingt-quatre heures sur vingt-quatre, notant les tétées, les respirations, les défécations et les dauphins qui nageaient avec cette dyade mère-bébé, se sont aperçus après quelques jours à peine qu'il y avait un problème. Et en moins d'une semaine, le bébé décédait. Lorsque les soigneurs se sont mis à l'eau pour récupérer son petit cadavre, l'anxiété de Beauty a augmenté. Ils ont donc décidé d'attendre, immobiles, immergés près du bord, lui disant à quel point ils partageaient sa peine et qu'ils attendraient le bon moment. Après quelque temps, Beauty s'est lentement approchée d'un des soigneurs en poussant avec sa tête le corps de son bébé. Puis elle a laissé la dépouille dériver vers lui et s'est éloignée.

Quand j'ai fait sa rencontre en 2006, elle était la mère de Baily et de Balasi, un jeune mâle turbulent qui nourrissait une passion pour les cheveux longs des soigneuses. Garante de la cohésion du groupe, Beauty secondait les jeunes mères fatiguées ou peu attentionnées, n'hésitant pas à jouer le rôle de baby-sitter pour leur bébé. Nous l'avons même vue allaiter son premier petit-fils (le fils de sa fille), car sa mère, toujours Baily, ne s'en occupait pas du tout. C'est malheureusement fréquent chez des femelles primipares (qui mettent bas pour la première fois). Comme je le mentionnais précédemment, j'ai déjà observé ce phénomène en milieu naturel. Il n'est pas rare, au cours d'une saison ou d'une année sur l'autre, d'observer la disparition de ces bébés et de retrouver ces jeunes mères inexpérimentées orphelines de leur progéniture.

C'était la première fois que je voyais une grand-mère allaiter spontanément l'un de ses petits-fils pour suppléer aux manquements de sa fille. Je ne sais pas si d'autres cas similaires ont été rapportés. Beauty savait aussi apaiser les tensions qui pouvaient surgir dans le groupe, notamment en période de reproduction, lorsque les mâles deviennent très insistants auprès des femelles matures et immatures. Beauty passait alors beaucoup de temps à nager avec les mâles, qui finissaient par se calmer en sa présence. Je me suis toujours demandé ce qu'ils se racontaient ! C'était une mère aidante, démonstrative et pédagogue, qui enseignait à ses enfants les règles de vie dans une société de dauphins et les usages dans un delphinarium. Elle était présente, mais pas omniprésente. D'elle émanaient force et courage. Elle savait se faire comprendre, n'hésitant pas à poser ses limites.

Je n'ai jamais caché mon affection particulière pour Beauty. À la fermeture du delphinarium du Parc Astérix, en 2021, les dauphins ont été envoyés dans d'autres parcs zoologiques européens. Ce fut un moment douloureusement triste pour toute l'équipe des soigneurs animaliers, et voir Beauty partir a été pour moi un crève-cœur. Je sais qu'elle va bien là où elle est, entourée de sa fille et sa petite-fille. C'est l'essentiel. J'ai beaucoup aimé côtoyer cette femelle dauphin et apprendre d'elle. Je lui dois énormément, ainsi qu'à tous les dauphins du delphinarium du Parc Astérix avec lesquels j'ai eu le privilège de collaborer.

Flying A, aux constellations esthétiques

C'est mon amie la biologiste Denise Herzing qui m'a présentée la première fois à des dauphins tachetés de l'Atlantique. Ceux-ci sont relativement petits comparés aux grands dauphins, plus gros et plus massifs. À l'âge adulte, ces delphinidés mesurent environ 2 à 2,50 mètres pour 100 à 110 kilos, avec une nageoire dorsale bien falciforme (en forme de faucille, contrairement à celle des grands dauphins, plus triangulaire). Leur pigmentation est unique : la partie dorsale de leur corps est foncée, la partie ventrale claire, et les flancs présentent une coloration intermédiaire. Ils tiennent leur nom de la constellation de taches blanches, grises et noires qui couvre leur corps et se densifie avec l'âge.

Les dauphins tachetés sont graciles, avec un corps effilé et des yeux expressifs, mais c'est leur peau que je préfère admirer. Les taches qu'ils gagnent en vieillissant les parent de constellations toutes uniques. De petits chefs-d'œuvre picturaux ! Comme sur le corps des requins-baleines que j'ai observés au Mexique, la pigmentation des dauphins tachetés me fait penser aux pointillés caractéristiques des peintures aborigènes d'Australie. Pour celles et ceux qui en doutent encore, dans la nature se cachent de sublimes œuvres d'art.

Flying A tire son nom étrange de ces taches. C'est Denise qui l'a baptisée ainsi. Comme tous ses congénères, cette femelle avait peu de marques quand elle était jeune ; toutefois, son flanc droit arborait distinctement un A horizontal, qui zébrait son corps à la façon d'un tatouage. La zone d'étude du Wild Dolphin Project que dirige Denise est située non loin de l'île de Grand Bahama. Flying A appartient à un groupe qui vit dans la partie sud de cette zone. Aujourd'hui, c'est une femelle adulte, son corps est constellé de taches blanches, grises et noires. Et, en toute objectivité, elle est magnifique !

Quand je suis arrivée dans l'équipe de Denise Herzing, Flying A était mère d'une petite Freedom. Impossible de ne pas remarquer Freedom : elle s'annonçait en produisant un petit son aigu des dizaines de mètres avant de surgir subitement et aimait frôler les nageurs à toute vitesse, leur tournant autour toujours en vocalisant. Puisque nous pouvions l'entendre, il en était de même des prédateurs... Une année, elle est ainsi apparue avec une partie de sa nageoire caudale manquante. Nous avons attribué cette amputation à la morsure d'un requin (il y a des requins-tigres et des requins citron autour des îles des Bahamas). La frayeur causée par l'attaque qu'elle avait subie n'ayant visiblement pas entamé sa bonne humeur, elle continuait à claironner son arrivée. L'année suivante, la nageoire caudale de Freedom était encore plus réduite. Mais, à partir de là, la bavarde Freedom a été plus silencieuse... On apprend vite, dans la nature !

Comme toute femelle dauphin tacheté, Flying A avait été aperçue gestante pour la première fois alors qu'elle était âgée de neuf ans. Après son premier-né, elle a mis bas tous les trois ou quatre ans. Elle a donné naissance à Flambe, Freedom, Fantasy puis Fab, toutes des femelles, et enfin à Flotsam, un mâle. Toute la descendance de Flying A commence par un F, un moyen qui nous permet de connaître rapidement les parentés.

Pourquoi Flying A a-t-elle davantage retenu mon attention qu'un autre dauphin ? Je ne saurais le dire précisément. Outre le fait que je l'ai toujours trouvée belle, peut-être étais-je admirative du calme olympien de cette mère face à sa remuante fille ? Ou bien étais-je, comme beaucoup de membres de l'équipe, tombée sous le charme de la joyeuse et amicale Freedom ?

En 2023, le constat est sévère : le groupe de dauphins tachetés du Sud a presque totalement disparu. Quelques rescapés semblent avoir migré dans un autre lieu, proche de l'île de Bimini. Pourquoi cet exode ? Ces derniers temps, les Bahamas ont essuyé des ouragans puissants et dévastateurs. Trop souvent, on ne retient que les dégâts et la désolation terrestres. Or le milieu marin est lui aussi endommagé et les animaux qui y vivent sont blessés ou tués, tandis que d'autres font le choix de migrer. C'est peut-être ce qui se passe ici avec la communauté du Sud.

En sciences, en tout cas en éthologie constructiviste (celle que je développe depuis plusieurs décennies), une certaine proximité affective ou une certaine empathie raisonnable sont des voies d'accès aux mondes animaux. Selon moi, en s'émouvant d'événements heureux ou tristes que vivent les animaux que nous étudions, il devient possible d'accéder à une zone grise de partage des mondes humain et animal. Cette zone est un entre-deux coconstruit par l'animal et l'humain en relation. Il devient alors possible d'interroger leurs compréhensions du monde, leurs perspectives.

Les sociétés de dauphins regroupent des individus tous particuliers. Singuliers à cause des relations que nous humains construisons avec eux, mais aussi grâce à leurs personnalités différentes, leur caractère plutôt optimiste ou pessimiste, leur difficulté ou aisance à quitter le giron de leur mère, devenant des adultes plus ou moins sociaux, plus ou moins curieux, audacieux, explorateurs… et donc créatifs ou innovateurs. En somme, une société de dauphins est un tissu de relations individualisées entre des êtres singuliers.

MIROIRS ET BOÎTES

Le 29 mai 1977, à Hawaï, un étrange cambriolage a eu lieu. Deux femelles dauphins, Puka et Kea, ont été dérobées de nuit au centre de recherche de Kewalo Basin, sur l'île d'Oahu. Les voleurs n'étaient pas des trafiquants d'animaux, mais deux étudiants revanchards. Employés pour nettoyer les bassins, ils avaient été renvoyés deux jours plus tôt par le directeur du laboratoire. Leur forfait commis, les deux jeunes gens ont accompli un périple en camion de plus de 50 kilomètres, avant de relâcher dans l'océan Pacifique les grands dauphins, originaires des eaux de l'Atlantique.

Les recherches pour retrouver Kea et Puka dans les jours qui suivirent restèrent vaines. Plus tard, le directeur du centre, Louis Herman, évoquera avec beaucoup de compassion et de tristesse ces heures sombres passées à se ronger les sangs, inquiet de savoir ses protégées perdues dans un environnement inconnu et infesté de dangers, sans nourriture, à la merci des requins. Kea n'en avait-elle pas déjà assez bavé durant sa jeunesse, quand elle avait survécu au traumatisme d'une attaque de squale ? Si Louis Herman nourrissait un tel attachement à l'égard de ces femelles dauphins, c'était en partie parce qu'elles avaient été les sujets des premières études scientifiques sur l'intelligence des dauphins.

Kea était arrivée huit ans plus tôt à Kewalo Basin, amenée par la Marine en compagnie d'une autre femelle, Nana. Kea est le diminutif de Keakiko ; Nana est un mot hawaïen qui signifie « regarder, observer ou voir », car ce dauphin aimait se dresser dans les bassins pour observer les alentours. Kea et Nana avaient été capturées dans les eaux de Floride. Âgée de trois ans à son arrivée à Hawaï, Kea venait d'un parc aquatique nommé, d'après son créateur Milton Santini, la Santini's Porpoise School. Une large cicatrice striait son flanc droit, vestige d'une morsure de requin, tandis que sa nageoire pectorale gauche était partiellement amputée. Quant à Nana, âgée de douze ans, elle avait le quart du corps couvert de petites lésions cutanées. Elle devait décéder seulement neuf mois plus tard, et son autopsie révélerait qu'elle souffrait d'une infection à un poxvirus (les poxvirus sont à l'origine de plusieurs maladies, dont la plus connue est la variole), un mal qui touche aussi bien les dauphins en parc zoologique qu'en milieu naturel.

Kea devint le sujet principal d'étude du docteur Herman, qui travaillait sur l'intelligence et le langage des cétacés : elle est citée dans des articles traitant de la sensibilité et de la mémoire auditives, par exemple. Dans son autobiographie, le chercheur américain la décrit comme une élève douée. Patiente, sûre d'elle, alerte et curieuse, elle manifestait de la joie à chacune de ses bonnes réponses, « qui étaient très fréquentes », selon lui. Puka la rejoindra dans les bassins du laboratoire en 1972. Originaire d'un centre d'étude situé sur Coconut Island à Hawaï, elle devint à Kewalo Basin la femelle spécialisée dans les études sur les capacités visuelles des dauphins. Son nom figure dans de très nombreuses publications.

Après l'enlèvement de Puka et Kea et leur lâcher dans le Pacifique, Louis Herman n'entendra plus jamais parler de ces deux dauphins. En juillet 1978, deux nouvelles femelles arrivèrent dans les bassins du centre de recherche : Akeakamai et Phoenix. Phoenix pour marquer symboliquement la renaissance du laboratoire de recherche, et Akeakamai car le mot signifie « amoureux de la sagesse » en hawaïen. Elles seront rejointes en 1987 par la femelle Elele (« ambassadrice » en hawaïen) et le jeune mâle Hiapo (« fils premier-né »). À la mort du dernier dauphin, Hiapo, en 2004, le laboratoire fermera.

Entre-temps, ces six dauphins auront été les coauteurs de plusieurs dizaines de contributions scientifiques d'une importance majeure et qui font toujours référence dans la recherche sur la cognition animale. La génération de cétologues-éthologues à laquelle j'appartiens s'est nourrie des bases posées par les travaux novateurs de Louis Herman et de son équipe. Aux yeux du grand public, les dauphins ont une intelligence proche de celle de grands singes comme les chimpanzés ou de jeunes enfants humains. Qu'en disent ces travaux ?

Essentiellement réalisées en delphinarium et sur les grands dauphins, les études portant sur l'intelligence des dauphins ont révélé leurs incroyables capacités. Ils sont capables d'apprendre des règles, de les généraliser et de former des concepts. Exposer de façon exhaustive les connaissances que nous avons acquises à leur sujet deviendrait vite ennuyeux. Je me contenterai de présenter leurs principales aptitudes, qui ne cessent aujourd'hui encore de m'impressionner. Une précision nécessaire : je ferai l'impasse sur l'anatomie de leur cerveau (taille, quantité de neurones, etc.), préférant me concentrer sur leurs comportements, sur leur « cognition incarnée », dit de façon un peu emphatique. C'est le meilleur moyen à mes yeux de pénétrer leur monde (leur *Umwelt*) et de comprendre les rapports qu'ils construisent avec ce qui les entoure. Ce préambule posé, que sait-on de l'intelligence des dauphins ?

Des singes aquatiques ?

La première question que nous, humains, nous posons face une espèce différente est sans doute : « Est-elle aussi intelligente que nous ? » *Homo sapiens* a une fâcheuse tendance à classer le vivant en fonction de son brio supposé. Les grands singes, et en particulier les chimpanzés, sont souvent considérés comme les animaux les plus malins. Les dauphins ne sont pas loin et occupent une place de choix sur ce podium que nous avons créé de toutes pièces. Or, pour l'éthologue que je suis, cette hiérarchie a peu de sens. Les animaux vivant dans des environnements différents, leurs univers mentaux sont tous dissemblables, de sorte que prétendre comparer leurs capacités cognitives tient de la gageure scientifique et épistémologique.

Un exemple ? Faisons un test : nous sommes immergés ensemble dans une piscine, les yeux fermés, et je vous pose la question : « Où se trouve dans le bassin le gros ballon lesté qu'un assistant vient de mettre à l'eau ? » Comment ça, vous n'y arrivez pas ? Allez, faites un petit effort, vous êtes une espèce intelligente, vous êtes un être humain ! Les dauphins passent le test avec aisance et brio, alors pourquoi pas vous ?

Vous voyez que la hiérarchisation des intelligences comporte une bonne dose d'absurdité. Les espèces sont certes adaptées pour vivre dans leur milieu, un peu malgré elles, pourrait-on dire. Pour les éthologues qui s'intéressent à leurs intelligences, cette approche fonctionnaliste et adaptationniste n'est pas suffisante. Ils vont donc délaisser les généralités sur l'espèce pour s'intéresser aux individus, aux sujets et à leurs capacités cognitives. Parmi ces dernières figure l'aptitude à ranger les objets de l'environnement dans des cases, à catégoriser. Nous, humains, passons notre temps à cela : mangeable ou vénéneux ? grand ou petit ? objet en bois ou en plastique ? Les catégories nous permettent de synthétiser le monde, de l'organiser pour mieux raisonner dessus. Les dauphins sont-ils doués de cette capacité ?

La réponse est oui. À Hawaï, des chercheurs ont appris au mâle Hiapo et à la femelle Akeakamai, croisés plus haut, à différencier et à classer des objets en trois dimensions, présentés dans l'air, sur la base d'un critère d'identité (les objets sont similaires) ou de différence (les objets sont dissemblables). Dans une seconde étape, ils ont montré de nouvelles paires d'objets aux deux dauphins. Selon leurs résultats, les dauphins ont réussi à généraliser cette règle apprise à des stimuli nouveaux en 3D et en 2D, perçus à la fois dans l'air et dans l'eau. Les dauphins sont donc capables de catégoriser des éléments visuels – mais ça marche aussi pour des éléments acoustiques – de leur environnement en « identiques » et « différents ». On imagine sans peine que cette capacité leur est fort utile au quotidien pour classer par exemple les éléments de leur milieu (les rochers, les algues, le sable, la boue, etc.). Ils ne vont pas s'émouvoir outre mesure chaque fois qu'ils vont voir un rocher de taille et de forme variées, et repéreront rapidement les éléments classés dans la catégorie « proie bonne à manger », par exemple.

Plus ou moins

Les dauphins ont-ils la notion de quantité ? Des chercheurs européens se sont posé la question. Ils ont montré que les dauphins étaient susceptibles de différencier des stimuli visuels par le nombre d'éléments discriminables. Un panneau sombre comportait beaucoup d'éléments circulaires clairs et un autre peu. Conclusion de l'étude : les dauphins parvenaient à distinguer les panneaux avec beaucoup de spots blancs de ceux qui en avaient très peu, appréciant en quelque sorte la notion de quantité (beaucoup versus peu). Mais étaient-ils en mesure de hiérarchiser ces quantités ?

Aux États-Unis, une équipe a voulu savoir si les dauphins savaient établir un classement entre des groupes d'objets plus ou moins nombreux. Dans un premier temps, ils ont appris aux animaux à distinguer entre deux panneaux comportant plusieurs points clairs, en choisissant le panneau affichant le plus petit nombre de points, et ce dans trois types de configurations (2 versus 6, 1 versus 3 et 3 versus 7). Puis ils ont généralisé cette règle en présentant aux dauphins toutes les paires de comparaisons possibles entre 1 et 8. Dans plus de 50 % des cas, les mammifères marins sélectionnaient le panneau doté du plus faible nombre d'éléments.

Ainsi, ils ne répondent pas au hasard (50 %) et sont capables de reconnaître et de se représenter des relations ordinales entre les quantités. Ils possèdent la notion de « moins » : il y a moins d'éléments clairs sur ce panneau que sur celui-là. Cette aptitude est capitale quand il s'agit de jauger la quantité de poissons dans un banc. Il n'est pas vraiment étonnant qu'ils la manifestent, mais encore fallait-il le prouver scientifiquement.

Quand nous nous arrêtons sur le trottoir avant de traverser une rue, nous balayons du regard les environs à la recherche d'une voiture pour savoir si la voie est libre. L'information peut aussi être sonore, si le moteur d'un véhicule rugit du côté opposé où nous scrutons la chaussée. Autrement dit, le concept « voiture » est relié à une entité visuelle, mais aussi à du bruit, en lien avec deux sens (ici, la vision et l'audition). C'est une richesse, car point n'est besoin d'avoir le bruit et la forme visuelle pour penser que nous sommes en présence d'une voiture.

Les dauphins construisent-ils aussi une représentation multisensorielle du monde ? Pas facile a priori de tester cette capacité plutôt abstraite chez les cétacés... Des scientifiques américains y sont parvenus, avec une bonne dose d'ingéniosité. Ils ont immergé devant un dauphin une caisse renfermant un objet, mais obturée par un grillage opaque : impossible de voir ce qui se trouvait à l'intérieur. Les chercheurs savaient toutefois que, grâce à son écholocalisation, l'animal saurait contourner le problème et parviendrait à identifier la forme, la densité de l'objet dissimulé. Dans un second temps, ils ont proposé au dauphin de choisir entre deux objets présentés dans l'air (donc uniquement accessibles par la vision) : l'un similaire à celui enfermé dans la boîte et l'autre d'une nature inédite. Le résultat ? À chaque fois, le dauphin a désigné celui qui était dissimulé dans la boîte opaque.

Pour terminer, les chercheurs ont fait l'inverse : ils ont d'abord présenté l'objet dans l'air (uniquement accessible par la vision), puis dans l'eau, mais masqué derrière un grillage opaque. Dans les deux situations, les dauphins ont réussi à retrouver l'objet. Ils possèdent donc une représentation multimodale (ici visuelle et acoustique) des objets de leur environnement : leurs perceptions sensorielles captent plusieurs caractéristiques d'une même entité. Une algue peut avoir un certain aspect visuel, une sensation particulière au toucher et une résonance acoustique précise :

ces trois aspects la caractérisent et concourent à former la représentation mentale « algue ».

Vivre en dauphin

Il ne fait pas l'ombre d'un doute que l'ensemble de ces capacités enrichit l'expérience du monde des dauphins. Pour prendre une analogie, imaginez que vous ne perceviez le réel qu'à travers une vision en noir et blanc ; tout d'un coup, on ajoute la possibilité de sentir l'environnement, de goûter des saveurs. Votre rapport au monde changerait, n'est-ce pas ? Je laisse à l'écologie comportementale dans son approche fonctionnaliste le soin d'expliquer à quoi cela pourrait bien servir aux dauphins. Dans quelle mesure cela augmente leur survie ? L'éthologie constructiviste s'intéresse à l'individu, aux sujets animaux et à leurs mises en signification du monde. C'est l'approche que je développe dans cet ouvrage. Donc, ce qui nous intéresse, c'est de « nous incarner en dauphin ». Je veux vous amener à faire l'expérience de l'océan en dauphins et vivre le monde dans leurs perspectives. Être capable d'avoir accès au monde par une palette sensorielle riche constitue autant de fenêtres sur ce monde.

Nous, humains, consultons un topoguide pour préparer une randonnée. Ce que nous y lisons n'est rien d'autre qu'une suite d'éléments topographiques enrichis de consignes : ligne droite, tourner à droite, franchir un gros rocher… Savoir s'orienter dans le monde tridimensionnel qu'est l'océan sur de grandes distances, comme le font les dauphins, exige a priori d'eux des capacités d'analyse similaires et une représentation des fonds marins.

À ma connaissance, il n'y a pas d'études relatives à la représentation de l'espace que se font les dauphins. Cependant, après trente ans d'observation, je sais qu'ils sont capables de contourner des obstacles, de choisir des raccourcis pour aller d'un point A à un point B, qu'ils peuvent donc optimiser des trajets. Ils semblent posséder des savoirs relatifs à l'espace dans lequel ils vivent, et très probablement construisent-ils une représentation mentale de cet environnement. Chez les mysticètes, les baleines à fanons, de nombreuses espèces migrent. Les baleines à bosse, par exemple, parcourent de longues distances afin de s'alimenter et de se reproduire. Ces animaux ont-ils une cognition spatiale qui leur permet de ne pas s'égarer en chemin ? De même, des dauphins australiens cueillent des éponges sur des sites particuliers pour ensuite pratiquer la fameuse « pêche à l'éponge ». Comment font-ils pour retrouver ces sites riches en éponges ? Ils ont probablement construit une représentation mentale des trajets pour s'y rendre.

Et sans doute possèdent-ils aussi un solide sens de la planification. Planifier sa route est utile quand on se prépare à un long trajet. Anticiper une action l'est tout autant.

L'exemple de la pêche à l'éponge va dans ce sens. Avant de se lancer dans cette activité, les dauphins vont d'abord sur les lieux où ils peuvent trouver des éponges, ils sélectionnent celles-ci avec beaucoup de soin, puis se rendent vers les rochers poissonneux pour y débusquer leurs proies. Ils planifient donc l'acte de chasse/pêche et anticipent leurs besoins, en allant dans un premier temps cueillir l'éponge qui leur servira ensuite d'outil.

Cette planification des tâches a été formalisée par des chercheurs américains. Dans une expérience, des dauphins ont d'abord appris qu'ils avaient besoin de déposer quatre poids dans un dispositif pour déclencher son ouverture et ainsi libérer des poissons. Or, quand les poids sont placés à quelque distance du dispositif, les dauphins collectent d'abord la quantité de poids nécessaire à la distribution de la nourriture. Ils ne collectent pas les poids un à un : ils programment la tâche à venir.

En résumé de ces travaux sur l'intelligence, les dauphins savent acquérir des informations sur leur environnement, font l'expérience de ce qui les entoure grâce à leur corps et à leur appareillage sensorimoteur. Ils traitent ensuite l'information, la manipulent et la stockent. Ils donnent du sens au monde dans lequel ils vivent. Ce que font de nombreux animaux… Mais alors, quelle est leur singularité ? Ils le font avec leur corps et leurs sens de dauphin, donc leur monde (leur *Umwelt*) est différent de celui d'une raie manta, d'une tortue, d'une girafe, d'un binturong… ou d'un humain.

Les chiens sont aussi capables de faire un détour, les moutons construisent des catégories, les otaries semblent avoir une notion de quantité, les chimpanzés et les corbeaux planifient des tâches quand ils utilisent des outils pour se procurer de la nourriture. Que montrent ces exemples ? Eh bien, qu'il existe une continuité dans les capacités cognitives des animaux ; qu'examiner leurs intelligences, c'est s'intéresser à des univers sensoriels et cognitifs variés… sans les classer !

Comme un miroir déformant

Aux Bahamas, je nage vers le groupe de dauphins tachetés que nous avons repéré quelques minutes plus tôt. Ils sont environ une dizaine. J'avance lentement vers eux, ralentie par le miroir que je transporte avec moi, impatiente d'observer leur réaction face à leur propre reflet. Quand j'atteins enfin le groupe, deux ou trois animaux s'approchent, puis tournent autour de moi. Certains passent au-dessous du miroir que je tiens le plus fixement possible pour l'empêcher de bouger. Deux se rapprochent, m'examinent, regardent vaguement mon accessoire du moment, et tous s'éloignent… indifférents à l'objet.

Ce type de test est une expérience classique en éthologie. Plusieurs espèces se reconnaissent dans un miroir, des chimpanzés aux éléphants en passant par les pies, les chevaux et les raies manta. En parc zoologique, les orques et les dauphins ont eux aussi démontré leur capacité à reconnaître leur image dans une glace. Alors, pourquoi les dauphins tachetés sauvages ont-ils boudé ma proposition ce jour-là ? En fait, ces expériences ont beaucoup de succès en parc animalier, où les animaux sont habitués à ce que leurs soigneurs enrichissent leur environnement d'objets divers et leur présentent des activités variées.

En parc zoologique, j'ai remarqué que seuls certains dauphins étaient intéressés : ils venaient à proximité du miroir, produisaient des mouvements brefs et répétés en gardant un œil sur leur image, puis rapportaient un objet de leur environnement (feuille, caillou, jouet) et le laissaient couler devant la paroi miroitante. Une fois cette étape réalisée, beaucoup ne prêtaient plus attention au miroir, comme s'ils avaient fait le tour de la question. Ne réussissent le test du miroir que les dauphins qui y trouvent un intérêt quelconque, l'utilisent et l'expérimentent.

Envisagez maintenant la séquence du point de vue des dauphins. Pourquoi se regarderaient-ils dans un miroir ? Y a-t-il des miroirs dans l'océan ? En quoi reconnaître son reflet est-il intéressant ? Je pense que les dauphins tachetés n'ont tout simplement pas perçu l'intérêt de cet objet. Quant aux deux dauphins qui ont eu pitié de moi (!), ils ont dû se dire *Ah, OK ce n'est QUE ça ?!* C'était certainement plus agréable, stimulant et enrichissant d'interagir avec des congénères. Ces animaux sont des experts acoustiques : pour réellement les interroger de manière adaptée, il serait plus pertinent de construire un « miroir acoustique ». Cela correspondrait alors à une question plus « delphino-centrée ».

La conclusion de ma mésaventure ? Il faut se méfier des résultats tirés de protocoles expérimentaux très anthropo-référencés. J'ai passé une bonne partie de ma carrière professionnelle à travailler sur les capacités cognitives des dauphins. Le piège est d'en faire des sortes d'« animaux savants » qui, en effet, répondent aux questions que les chercheurs leur posent sans que cela ait réellement de sens pour eux, ou plutôt sans que les chercheurs prennent le temps de s'interroger sur l'interprétation qu'en font potentiellement les animaux. Bref, il faut poser des questions de dauphins aux dauphins.

Certaines études actuelles me troublent : je me demande bien ce que les dauphins doivent comprendre des dispositifs expérimentaux quand il leur est demandé de rester en état de vigilance prolongé ou d'apprendre des comportements humains, et quel sens « delphinien » a leur réponse. Il existe des chercheurs prônant l'étude de la cognition des dauphins sauvages, mais qui se révèlent incapables de changer de posture, de sorte qu'ils réitèrent les mêmes erreurs épistémologiques initialement commises en parc zoologique. Très inspirés par les primatologues, ils envisagent de poser des questions de chimpanzés à ces dauphins sauvages…

J'ai mené ce test du miroir il y a vingt ans, et ce constat d'immobilisme m'attriste. Dauphins en parc zoologique et en plein océan ne font pas du tout la même expérience d'un miroir. Pour les premiers, c'est un objet intriguant qui suscite un certain intérêt ; pour les seconds, c'est quelque chose qui est certainement beaucoup moins intéressant que la petite crevette qui se cache dans les sargasses. Mais, en prenant le temps de réfléchir aux questions que l'on souhaite poser aux animaux, il est tout à fait possible d'adopter une approche valable en parc zoologique comme en mer.

En un mot, la nouvelle génération d'éthologues doit énoncer de nouveaux paradigmes, renouveler les questions à poser aux dauphins en exploitant l'ensemble des connaissances acquises à ce jour. J'ai quelque espoir. Je pense notamment à mes anciennes étudiantes : Raphaëlle Malassis, qui aujourd'hui mène des recherches remarquables sur les primates, et Agathe Serres, qui réalise actuellement un postdoctorat sur les dauphins blancs de Chine, soumis à de fortes pressions anthropiques. Aventureuse, courageuse et d'une intelligence vive, Agathe a obtenu une bourse pour étudier le mandarin pendant un an et a ensuite réalisé sa thèse ciblée sur le bien-être des dauphins, qu'elle a brillamment soutenue. Bilingue, elle mène avec brio des études sur les comportements des dauphins en Chine. Je suis convaincue que, comme Raphaëlle, grâce à sa sensibilité, son éthique, ses capacités intellectuelles hors normes et sa pédagogie, elle a une place importante à jouer en cétologie.

C'est aussi ce que fait Beverley Ecalle à la Réunion, au sein de l'association Abyss. Avec le dispositif CETOSCOPE, nous voulons vivre l'océan en 360°, à la façon des dauphins, et comprendre leur communication. Au Parc Astérix, avec la collaboration de mon amie Birgitta, j'ai toujours essayé de construire des expériences susceptibles d'intéresser les dauphins, afin qu'ils s'approprient l'étude et nous indiquent ce qu'ils en pensent. Quand Baily boycotte une expérience et part s'occuper de sa fille, quand Aya teste les limites d'un dispositif et donne la solution du problème sans être passée par toutes les étapes, quand Bahia en profite pour chaparder des éléments, quand Guama reste en retrait… ils nous montrent ce que sont pour eux les protocoles expérimentaux, les études scientifiques, et en même temps ils ouvrent des portes vers leur monde.

LE DAUPHIN MANIPULATEUR : L'INTELLIGENCE SOCIALE

Parc Astérix. Toute l'équipe est réunie au delphinarium pour un bilan trimestriel de nos activités. Mais la réunion est régulièrement interrompue par des toussotements montant d'un bassin situé de l'autre côté d'une porte-fenêtre. Les dauphins toussent avec leur évent, et c'est généralement le symptôme de problèmes respiratoires graves qu'il faut surveiller comme le lait sur le feu. Alarmé par la fréquence et l'intensité de la toux, un soigneur se lève pour se précipiter au bord de l'eau. La malade est Baily. Vous vous souvenez d'elle ? C'est cette jeune femelle espiègle.

Au cours de l'heure suivante, les allers-retours répétés du soigneur nous inquiètent. Un rapide coup d'œil sur le suivi journalier de Baily confirme nos soupçons : hier, elle ne toussait pas, ni le jour d'avant. Birgitta, la responsable du delphinarium, suggère alors que nous l'ignorions un moment pour la mettre à l'épreuve. Comme par miracle, Baily cesse rapidement de tousser et retourne interagir avec ses congénères. Sa prétendue maladie n'était qu'une tentative éhontée d'attirer notre attention ! Oui, les dauphins sont capables de manipuler, de tromper et de duper, y compris les humains. C'est l'une des facettes de leur spectaculaire intelligence sociale.

Mettez dix humains autour d'une table, et vous n'aurez pas à attendre longtemps avant que l'un d'entre eux copie les mimiques ou la façon de parler d'un autre, soit pour s'en moquer, soit par simple mimétisme. L'imitation caractérise de nombreux groupes sociaux. Les dauphins eux aussi imitent les postures et les vocalisations de leurs congénères. Ils reproduisent même les postures prises par leurs soigneurs animaliers, que ceux-ci se trouvent au bord du bassin ou apparaissent sur un écran.

En Floride, des chercheuses américaines ont appris à un dauphin à porter des sortes de coupelles opaques sur ses yeux et lui ont demandé de reproduire les vocalisations et les comportements d'un congénère, auquel plusieurs exercices étaient demandés. Le dauphin, rendu momentanément aveugle, est parvenu sans peine à imiter les sons et les postures de son compagnon, en écholocalisant intensément dans le second cas.

Les dauphins savent aussi reproduire des sons non biologiques de leur environnement. Les marinas bruissent d'histoires de dauphins et de bélougas imitant le bruit des moteurs de bateau. Un collègue américain m'a raconté un jour que, dans son delphinarium, des dauphins avaient appris à reproduire le bruit des raclettes dont se servaient les plongeurs pour nettoyer les vitres des bassins… au grand dam des soigneurs, qui se faisaient immanquablement piéger et allaient vérifier pourquoi on astiquait les vitres pour la seconde fois de la journée.

Imiter, c'est reproduire des comportements, des vocalisations, et cela contribue à créer des liens sociaux.

Depuis peu, en Écosse, un dauphin femelle solitaire se rend si souvent dans un bras de mer nommé Firth of Clyde que les habitants de la région ont fini par lui donner un nom, Kylie. Or Kylie interagit fréquemment avec un groupe de marsouins qui vit à proximité. Les marsouins ne sont pas des delphinidés, mais des phocoenidés. De taille plus petite que les grands dauphins, ils n'ont pas de rostre proéminent. Des chercheurs ont immergé un hydrophone quand ils apercevaient Kylie en train de nager et de socialiser avec eux. Les enregistrements ont révélé que le dauphin imite à merveille les clics d'écholocalisation de ses compagnons, reproduisant non seulement la forme des signaux qu'ils émettent, mais aussi la façon dont ils sont répétés de manière cyclique. Le fait que Kylie ait appris quelques rudiments du langage marsouin et sache adapter sa production vocale à son interlocuteur, en copiant sa manière de produire des vocalisations, me fascine, et j'ai hâte d'en savoir plus sur elle.

Les exemples d'imitation vocale et motrice sont nombreux, ce qui n'est guère surprenant pour une espèce sociale. Imiter, c'est « faire comme », « sonner comme » et, du coup, « être comme » ou « ressembler à ».

Au doigt et à l'œil

Chiens, chats, chèvres, chevaux, et même les loups élevés par les humains, répondent à l'action de pointage réalisé par une personne. Ils saisissent que cette dernière cherche à attirer leur attention dans une direction donnée. On a longtemps attribué cette compétence à la domestication. Or, avec mes étudiants, nous avons montré que des otaries de Californie suivaient et comprenaient ces pointages. D'autres études ont révélé que des éléphants et des grands singes en faisaient tout autant. Vous l'avez probablement vu sur des vidéos de dauphins dans un delphinarium : ils savent se diriger vers un objet qui a été ciblé par un animalier pour le rapporter. Le geste du bras, l'orientation de la tête et la direction du regard du soigneur attirent l'attention sur lui et la dirigent vers un point précis : ils « indiquent » une direction, un objet.

Associer le geste au regard. Des chercheurs américains ont voulu tester si les dauphins comprenaient la perspective du soigneur ou réagissaient simplement au geste de pointage (le fait de tendre un bras ou un index). Ils ont analysé leur réaction face à trois situations. Le soigneur pointe et 1/ le soigneur fait face au dauphin, 2/ il tourne le dos au dauphin, ou 3/ il s'éloigne en nageant. Résultat : c'est dans le premier cas que les performances des dauphins sont les meilleures. Le regard du soigneur associé à son geste de pointage semble donc être la pierre angulaire de cette connexion : tout indique que les dauphins comprennent notre point de vue, qu'ils se « mettent à notre place ». Ce faisant, ils comprennent où se porte notre attention.

Sans doute faut-il y lire le prolongement d'un mécanisme à l'œuvre dans leur société : les dauphins, qui utilisent l'écholocalisation, c'est-à-dire une communication acoustique directionnelle (pointée vers l'objet d'attention), ont appris que, lorsqu'un congénère vise un poisson, un rocher ou tout autre élément de l'environnement, cet élément est important pour leur congénère, et ils doivent y prêter une attention particulière.

Les dauphins sont capables de comprendre la perspective d'un autre, mais sont-ils prosociaux ? Chez les humains, les comportements prosociaux sont des actes volontaires dirigés vers autrui dans le but de l'aider ou le réconforter, de lui apporter un mieux-être, par exemple. Chez les animaux, les comportements prosociaux sont des comportements destinés à bénéficier à un autre (un receveur), parfois au détriment de l'émetteur : on parle alors de comportement altruiste. Parmi les comportements prosociaux figurent les comportements d'aide, de réconfort, mais aussi de partage et de coopération. Les orques, par exemple, se partagent la nourriture : c'est un comportement prosocial.

Les comportements prosociaux semblent être influencés par le degré de familiarité partagé par les animaux et par l'affinité entre congénères ou partenaires. Pour les investiguer chez les animaux, les scientifiques ont imaginé un protocole expérimental devenu classique, dont voici le principe : les sujets doivent choisir parmi trois objets auxquels l'expérimentateur a attribué des valeurs différentes. L'un des objets signifie « pas de récompense » (aucune récompense n'est distribuée), un autre « une récompense pour le donneur » (c'est l'animal testé, et uniquement lui, qui est récompensé) et enfin le dernier « une récompense pour les deux ». En choisissant cet objet, l'animal testé indique qu'il souhaite que son partenaire soit aussi récompensé. Un geste prosocial !

Comment les dauphins réagissent-ils face à ce test ? Les résultats ne sont guère concluants. Certaines expériences ont montré qu'ils pensaient aux autres avant de se jeter sur la nourriture, d'autres non. À mon tour, j'ai voulu mettre à l'épreuve l'altruisme chez les dauphins, au delphinarium du Parc Astérix. La réponse a été plutôt positive, mais, à vrai dire, l'étude comportait un énorme biais : les animaux testés par la doctorante étaient essentiellement des dyades de mères avec leur petit. Qu'une mère manifeste des égards envers sa progéniture semble assez logique. Il faudrait donc renouveler l'étude sur d'autres individus avec des liens de parenté et des degrés d'affinité différents. Mais cela a tout de même montré qu'au delphinarium du Parc Astérix, les relations mère-jeune étaient toutes fonctionnelles.

L'art d'innover

Je termine ce court chapitre en racontant comment un dauphin s'est illustré lorsque nous l'avons soumis à un test d'intelligence sociale. La femelle dauphin n'a pas du tout répondu à nos attentes, mais cela ne l'a pas empêchée de témoigner d'une grande perspicacité ! Nous voulions étudier la coopération chez les dauphins. L'une de mes étudiantes, Beverley, employait dans cet objectif un dispositif construit par les soigneurs : deux tubes en PVC de diamètres différents qui leur permettaient de s'emboîter l'un dans l'autre, troués à plusieurs endroits pour qu'ils puissent couler et dont l'ouverture nécessitait que l'on tire simultanément sur les poignées ornant chaque extrémité. Il fallait être deux pour le scinder en deux et donc l'ouvrir. À l'intérieur, nous placions des glaçons que les dauphins aiment croquer. Si nos sujets voulaient la friandise, ils n'avaient pas d'autre choix que de coopérer.

Or les choses ne se sont pas déroulées comme nous l'avions prévu… Quand nous avons jeté à l'eau le tube, le splash a suscité la curiosité des dauphins, qui sont venus voir. Ils connaissaient le dispositif, car nous avions appris à certains d'entre eux à l'ouvrir en positionnant leur rostre dans une des poignées, puis en reculant, un soigneur tenant l'autre extrémité. Tout l'enjeu de l'expérience visait à constater s'ils allaient l'enseigner à leurs congénères ou pas. Alors que les dauphins s'approchaient du dispositif, nos hydrophones enregistraient de nombreuses vocalisations, des clics d'écholocalisation et des sons pulsés. Bon départ : le tube intéressait les animaux.

Une femelle, Aya, inspectait le dispositif avec beaucoup d'application. Elle le poussait avec son rostre jusqu'à la surface : il flottait, puis coulait lentement vers le fond du bassin, en se remplissant d'eau grâce aux trous ménagés dans le tube. Aya a réitéré plusieurs fois son examen, comme si elle cherchait la réponse à d'intrigantes questions qu'elle seule se posait. Tout à coup, elle a exécuté un cercle rapide autour du tube et lui a infligé un puissant coup de caudale. L'objet a décollé du fond, puis est redescendu en heurtant violemment le sol, aspiré par la spirale d'eau créée par Aya. Le tube s'est scindé en deux, libérant les glaçons qu'elle s'est empressée de croquer !

Elle avait trouvé une solution, certes pas celle que nous avions anticipée, mais elle avait innové. Qu'Aya soit à l'origine de ce nouveau comportement n'est guère étonnant, cette femelle est curieuse et attentive. Elle aime tester et apprendre, c'est une élève motivée et intéressée par toutes nos études sur la cognition. C'est aussi la préférée de Birgitta, la responsable du delphinarium. Entre elles deux s'est nouée une grande complicité.

Depuis ce coup d'éclat d'Aya, il nous a été impossible d'étudier la coopération dans ce groupe de dauphins, puisque le grand défi pour eux était de reproduire sa prouesse et d'ouvrir seuls le tube. Bahia, une autre femelle qui adore manipuler les éléments présents dans son environnement, a même découvert une autre manière de parvenir à ses fins : en traînant le cylindre au fond du bassin sur quelques mètres. Nous n'avions pas anticipé et donc pas testé s'il était possible que le tube se scinde en deux en le lançant avec force ou en le tirant sur le sol.

Bref, nul besoin d'être à deux et de tirer simultanément sur une poignée. Cela m'a fait sourire. En fait, j'aime beaucoup quand les dauphins s'approprient l'expérience et en toute confiance tentent des choses, nous montrant leurs propres façons de penser.

En relisant aujourd'hui les autres travaux sur cette expérience de coopération pour préparer ce livre, je m'aperçois qu'aucun des auteurs n'avait mentionné les alternatives trouvées par nos sagaces et pétillantes Aya et Bahia. Les dauphins qu'ils avaient étudiés s'étaient montrés moins créatifs que ces deux femelles. Aya et Bahia avaient proposé des options novatrices, et nous, humains, étions devenus leurs élèves. Des dauphins font la leçon aux hommes ou ont assez confiance en eux pour leur soumettre des choses à tenter : cela valait bien une petite place dans cet ouvrage.

DES CERCLES DE BULLES

Delphinarium du Parc Astérix. Depuis les gradins, j'observe les dauphins faire des allers-retours, répondant aux consignes des soigneurs animaliers. Je vois les animaux quitter un à un la grande plage extérieure pour se diriger vers la plateforme murale, sur laquelle un soigneur les accueille et leur demande d'attendre. Par moments, des complices font irruption dans la scène. Ils agitent un parapluie, portent une perruque ou sont cachés sous un drap. Mon étudiante Aviva étudie les émotions des dauphins. En leur présentant des stimuli nouveaux, plus ou moins effrayants, elle espère comprendre s'ils les perçoivent comme inquiétants ou non, et comment ils se positionnent quand ils surviennent. Aviva a ainsi montré que les dauphins réagissaient intensément à des objets inédits et menaçants quand ils apparaissaient sur leur côté gauche. Une façon simple d'accéder aux émotions des dauphins.

Comment votre chien manifeste-t-il son excitation ou son impatience ? En fouettant l'air de sa queue. Comment réagit un chat face à un chien, avant que la situation ne dégénère en course-poursuite façon Tom et Jerry ? Il plaque ses oreilles vers l'arrière, crache, hérisse son poil. Les moutons, s'ils éprouvent du déplaisir, pointent aussi leurs oreilles vers l'arrière, ou de manière asymétrique en cas de surprise.

En observant les postures des animaux, on sait s'ils vivent l'instant présent de manière agréable ou désagréable. Ce n'est pas seulement valable pour les espèces domestiquées. Les perroquets rosissent de plaisir, les poulpes blêmissent (de tout leur corps) face à une menace et s'empourprent d'excitation devant un crabe. Plus surprenant, quand le poulpe est indécis, qu'il hésite entre l'approche ou la fuite, son corps revêt les deux couleurs, livide d'un côté et rouge brique de l'autre. Il est littéralement partagé.

Postures, expressions faciales, mimiques renseignent sur les émotions vécues par les animaux. L'analyse de leurs vocalisations aussi. Une équipe européenne a ainsi montré que, dans des situations positives, les cris des cochons sont brefs, avec peu de variations d'amplitude ; en revanche, dans des situations négatives, leurs vocalisations passent d'aiguës à graves. Que sait-on des émotions des dauphins ? Pouvons-nous accéder à leur monde intérieur à partir de leurs attitudes et de leurs vocalisations ?

Cris et chuchotements

Quelle est la façon la plus évidente pour un dauphin de communiquer une émotion ? Par des sons. Plusieurs sons pulsés (cris, gémissements synchronisés et hurlements/jappements, tous générés par les lèvres phoniques, sont produits lors d'interactions agressives). Dans des situations de détresse, les dauphins tachetés émettent un son pulsé combiné à une signature sifflée, en l'accompagnant parfois d'un petit filet de bulles qui s'échappe de leur évent. Lors d'interactions agressives entre grands dauphins, les animaux produisent de manière synchrone des buzz (un type de sons pulsés) et des sifflements ou des sortes de braillements. La modulation des vocalisations semble donc associée à une excitation émotionnelle, positive ou négative. Pour attirer l'attention de leurs congénères ou solliciter leur aide, ils produisent une succession de sifflements qui correspond alors à des signaux de détresse.

Lors de jeux sociaux intenses de type jeu-bagarre, un dauphin juvénile et un adulte émettent un son pulsé très bref suivi d'un sifflement, ce qui a pour effet de calmer l'intensité du jeu et d'éviter que l'interaction ne dégénère en un combat véritable. Et enfin, lorsqu'ils sont parvenus à obtenir ce qu'ils désiraient, les dauphins lancent un signal de contentement ou de victoire, qui serait associé à un état affectif agréable et positif.

Physiquement, comment se traduisent leurs émotions ? Le rictus perpétuel des dauphins brouille les pistes de l'interprétation que l'on donne de leurs comportements et de leurs états émotionnels. Je l'ai déjà souligné, ces animaux n'ont que de très subtiles expressions faciales. Seule la familiarisation, au sens d'une proximité physique et affective, avec un dauphin permet de savoir s'il est fatigué, par exemple. L'épuisement se traduit chez eux par le fait qu'ils ont « de petits yeux » ou « les traits tirés », ou qu'ils sont « grognons ». Si j'utilise cette terminologie, c'est que je l'ai souvent entendue dans la bouche des soigneurs animaliers attentifs et proches de leurs protégés.

Le cercle de bulles delphinien

À défaut de pouvoir exploiter leurs mimiques faciales, les chercheurs observent les comportements des dauphins, qui sont des indicateurs robustes de leurs états émotionnels. Les claquements de nageoires pectorales ou caudale, de la tête sur la surface de l'eau, ou encore les postures en S révèlent des états affectifs négatifs, tandis que les frottements sociaux de nageoires pectorales et caudales, ou flanc à flanc, et les nages synchrones lentes et de grande proximité expriment des émotions positives.

L'éthologue française Agathe Serres a montré qu'en parc zoologique, les dauphins ont tendance à nager très proches les uns des autres, en cercle et de manière synchrone dans des situations positives (et inversement, ce comportement collectif diminue lorsqu'elles sont négatives). S'ils nagent rapidement dans le bassin, vous pouvez être sûr qu'ils éprouvent du plaisir et de l'excitation s'ils sont en pleine activité de jeu ; au contraire, ce comportement dénotera de la fébrilité s'ils ont peur. Une fois de plus, le contexte est déterminant pour tirer des conclusions.

Dans la nature, les signes extérieurs de nervosité sont… géométriques. L'émission de bulles en forme de roue de vélo ou de donut, expirées de manière brusque et rapide, s'observe dans les groupes de dauphins sauvages lors de tensions résultant d'agressions ou de frustrations. Même réaction, autre cause et donc autre signification : en parc zoologique, les cercles de bulles se voient lors des jeux et quand les animaux sont surpris ou excités de façon positive. Ainsi, les bulles expriment une émotion positive ou négative. Une étude récente a révélé que, lors d'une tâche cognitive qui exigeait de résoudre un problème, les bulles en forme de roues de vélo traduisaient davantage une réponse émotionnelle favorable (intérêt ou curiosité) que négative (frustration).

En éthologie, les émotions constituent un champ de recherche à part entière. Comment les étudier chez des animaux qui ne « parlent » pas ? Nous sommes obligés de recourir à des astuces et de les identifier

« de l'extérieur », c'est-à-dire de les inférer. Pour nous, il s'agit d'états affectifs négatifs ou positifs (tristesse, joie, colère, crainte) caractérisés par des manifestations corporelles, physiologiques (par exemple, pâleur/rougeur, tachycardie, perte de l'appétit). Ce sont des réactions consécutives à un événement déclencheur. Elles sont associées à des modifications comportementales (expressions faciales, vocalisations, comportements de fuite/approche…), physiologiques (changements dans les rythmes cardiaque et respiratoire, variations de la pression sanguine, production de transpiration et d'hormones…) et enfin cognitives.

Pourquoi les émotions impactent-elles la cognition ? Parce qu'elles influent sur la perception, l'analyse et la mémorisation d'informations. Tous les étudiants savent que le stress d'un concours les empêche parfois d'utiliser au maximum leurs capacités intellectuelles une fois devant leur copie vierge, le jour de l'examen. Des biais cognitifs identiques existent chez les animaux. Ils peuvent éprouver des difficultés à apprendre et à mémoriser des informations quand ils vivent une situation anxiogène. Un biais d'attention, induit par de l'anxiété, amène un animal à accroître son comportement de vigilance, par exemple.

De nombreuses études sur ces biais cognitifs sont menées sur les animaux en parc zoologique, car elles nécessitent de réaliser certains apprentissages, impossibles à envisager avec des animaux sauvages, et qui contribuent au suivi de leur bien-être. Par exemple, des animaux anxieux afficheront de nombreux comportements d'anticipation, c'est-à-dire qu'ils manifesteront de la fébrilité dans l'attente de la survenue d'un événement prévisible. Il est normal de se préparer à un événement, de l'anticiper, mais, au-delà d'un certain seuil, quand ces comportements deviennent excessifs, cela trahit des émotions négatives. Les comportements d'anticipation sont liés au système de récompense : des chiens en situation de mal-être attendront avec beaucoup trop d'intensité leur ration alimentaire ou leur promenade quotidienne.

Le verre à moitié vide

Personnalité, cognition et émotion sont profondément liées. La façon dont un animal fait l'expérience d'une situation engendre une réponse émotionnelle particulière, et, inversement, l'attitude d'un animal et sa personnalité influent sur la manière dont il perçoit l'événement. Exactement comme chez nous. Imaginez-vous à la veille d'une randonnée en montagne. La météo exécrable des derniers jours menaçait d'annuler votre sortie quand, soudain, les éléments semblent se ranger de votre côté alors que le bulletin annonce :

« Demain, risque de pluie faible. » En fonction de votre tempérament, de votre état de fatigue, de la journée que vous avez passée, vous réagirez différemment. Vous réjouirez-vous parce que la randonnée est maintenue ? Ou la perspective de précipitations même minimes suffira-t-elle à gâcher votre plaisir ? L'histoire du verre à moitié plein ou à moitié vide. Les dauphins n'échappent pas à cette règle, comme vous allez le constater. Je vais reprendre une expérience que j'ai introduite précédemment.

Parc Astérix. Depuis la grande plage extérieure, Stéphane envoie Aya vers Julien, qui se trouve sur la plateforme bordant la périphérie du grand bassin. Julien immerge la cible. Aya arrive, la touche. Julien siffle pour lui signifier : « C'est bien ! Bravo ! Tu as bien réalisé l'exercice. » Après ce signal, Aya rejoint rapidement Stéphane, qui la félicite joyeusement avec emphase et moult caresses ; il termine en lui donnant une bonne ration de poissons. Stéphane et Julien sont deux soigneurs. Avec eux, j'étudie les biais cognitifs des dauphins : nous voulons savoir s'ils sont optimistes ou pessimistes.

Après Aya, c'est au tour de Guama de réaliser l'exercice. Mais il est envoyé à l'opposé de l'endroit où a été dirigée sa congénère. À son retour, il reçoit de brèves félicitations, mais pas de poissons.

Les dauphins sont en phase d'apprentissage de la tâche. Un endroit du bassin a été arbitrairement choisi pour être très positif et un autre moins. En revenant du premier lieu, les dauphins sont intensément félicités et reçoivent de la nourriture. En revanche, de retour de l'autre, ils doivent se satisfaire de compliments verbaux contenus. Une fois qu'ils auront bien compris l'exercice, le test consistera, vous l'aurez compris, à placer la cible à équidistance entre la zone positive et la zone négative. Comment réagiront-ils ? S'ils reviennent rapidement, espérant être vivement félicités, alors cela signifiera qu'ils considèrent cette zone ambiguë comme positive et qu'ils sont donc plutôt optimistes. Dans le cas contraire, s'ils rentrent lentement, voire en faisant des détours, cela révélera que la zone ambiguë est selon eux négative et qu'ils ont une tendance pessimiste.

Cette étude confirme les résultats obtenus avec des chiens, des singes ou même des abeilles. Cela ne nous surprend guère. En parc zoologique, les dauphins ont l'habitude d'être sollicités dans des tâches d'apprentissage, donc ce nouveau test n'a pas été d'une grande difficulté pour eux. À quoi servent ces résultats ? Il est important de connaître le caractère optimiste ou pessimiste des animaux, car, face à une situation nouvelle, les seconds sont plus sensibles et réagissent plus rapidement et intensément que les premiers. Sachant cela, les soigneurs ne vont pas les solliciter de la même manière et vont prendre plus de précautions avec eux. Par ailleurs, rappelez-vous que notre étude a aussi montré que les dauphins optimistes ont tendance à nager de manière lente et synchrone avec leurs congénères. Or la nage lente et synchrone dénote une vie sociale bien remplie. Est-ce une surprise que, chez cette espèce sociale, les individus plus sociaux voient le verre à moitié plein ?

Quand la gauche ou la droite prennent le pouvoir

Les chercheurs recourent à des astuces pour ouvrir une fenêtre sur les émotions animales. Vous me croirez si je vous apprends que la façon de se positionner à gauche ou à droite trahit la météo de leur monde intérieur ? Tout vient de l'hypothèse de la *valence émotionnelle*. Selon cette théorie, l'hémisphère cérébral droit contrôle les émotions négatives (la peur ou la frustration, par exemple) et le gauche les émotions positives.

Les émotions positives activent l'hémisphère cérébral gauche, qui contrôle la partie droite du corps, donc des situations ou des événements perçus et vécus comme positifs engendrent un biais latéral droit. Ainsi, les animaux utiliseront alors préférentiellement l'œil droit, l'oreille droite, la narine droite ou la patte avant droite. Les chiens, par exemple, fouettent l'air avec des battements de queue dirigés plutôt vers la droite quand ils sont contents.

Dans la partie avant du grand dauphin se trouvent le rostre, le melon et l'évent (l'orifice nasal). Les cétacés ne possèdent pas de pavillon externe, seul l'orifice auriculaire est visible. Dans la partie ventrale, on aperçoit le nombril. Enfin, chez les mâles, on distingue une fente urogénitale et une fente anale, tandis que chez les femelles, deux fentes mammaires encadrent la fente urogénitale.

Delphinarium du Parc Astérix. Beauty, une femelle grand dauphin, et sa fille Belize nagent côte à côte et se frottent l'une contre l'autre. Ces comportements font partie de la grande catégorie des soins maternels observés chez les dauphins.

Bahamas : deux dauphins tachetés âgés nagent côte à côte. À la naissance, la peau des bébés est dépourvue de taches colorées. En vieillissant, des taches blanches, grises et noires constellent leur corps. Les scientifiques identifient les dauphins grâce à elles et grâce à d'autres marques, notamment la forme singulière de la nageoire dorsale du mâle à droite.

Delphinarium du Parc Astérix. Pour les besoins d'une expérience j'ai immergé un hydrophone dans le bassin de façon à enregistrer les vocalisations des dauphins, suscitant la curiosité des jeunes. Certains, les plus audacieux, n'hésitent pas à toucher le capteur, voire à le mordre.

Delphinarium du Parc Astérix. À l'aide d'un prototype du CETOSCOPE, un soigneur filme et enregistre le comportement et les vocalisations des dauphins. Ces derniers explorent un objet dans lequel sont dissimulés des glaçons. Cette mise en scène est utilisée pour étudier la coopération chez ces animaux.

Bahamas. L'étudiante de Denise Herzing filme les dauphins et enregistre simultanément leurs vocalisations à l'aide d'une caméra sous-marine dotée de deux hydrophones. Il arrive parfois que nous ayons un nouvel assistant de recherche, ici un poisson *Monacanthidae*.

Delphinarium du Parc Astérix. J'ai demandé à une soigneuse animalière de filmer et d'enregistrer les comportements et les vocalisations des grands dauphins avec un prototype du CETOSCOPE. Son immersion avec ce nouvel objet aiguise la curiosité des animaux... Ils observent mais aussi émettent de nombreuses vocalisations afin d'inspecter l'intrus.

© Fabienne Delfour / Delphinarium du Parc Astérix

Bahamas. Un dauphin tacheté joue avec une sargasse. Il n'est pas rare d'observer les cétacés s'amuser avec des éléments de leur environnement. Ils transportent des algues, ou parfois des morceaux de plastique, sur leurs nageoires ou sur leur rostre, ou comme ici, tourbillonnent dans l'eau avec de longues sargasses.

Bahamas. Denise Herzing du Wild Dolphin Project (à gauche) et Fabienne Delfour (à droite) vont s'immerger avec le dispositif CHAT, afin d'étudier la communication des dauphins tachetés. CHAT signifie « Cetacean Hearing And Telemetry » ou « Écoute et télémétrie des cétacés », il permet d'enregistrer les vocalisations des dauphins, de diffuser des sons dans leur environnement, d'identifier puis de traduire en anglais des sifflements préalablement appris par le système.

Bahamas. Je suis immergée avec Denise Herzing et son assistante de recherche du Wild Dolphin Project. Nous venons de nager avec un groupe de dauphins tachetés et nous débriefons sur leurs identités et leurs comportements. En arrière-plan : le catamaran *Stenella*, notre station de recherche lors de nos missions qui durent une dizaine de jours.

Bahamas. Un dauphin tacheté femelle et son bébé approchent. Certaines mères, les plus aventureuses, viennent parfois près des nageurs : peut-être présentent-elles ces dernières à leur progéniture. Le petit progresse sans quitter le contact de sa mère. C'est un comportement très fréquent chez les jeunes animaux.

© Fabienne Delfour/Wild Dolphin Project

Ces mécanismes sont-ils vérifiés chez les dauphins ? Oui. Testés dans des situations à valeurs émotionnelles positives et négatives, les dauphins réagissent plus vite et plus intensément à des stimuli négatifs présentés sur leur côté gauche (ils ont davantage tendance à se maintenir à distance de ces sollicitations, notamment). C'est l'étude d'Aviva que j'ai évoquée en début de chapitre. Par ailleurs, nous avons pu démontrer qu'ils utilisent plutôt leur hémisphère cérébral droit pour traiter des informations sociales, nouvelles ou soudaines.

En observant la latéralisation comportementale des dauphins et en tenant compte du contexte, il est donc possible d'obtenir des informations sur leurs états affectifs. Attention, cependant, car l'asymétrie cérébrale est aussi influencée par le système de motivation. L'hémisphère cérébral gauche contrôle, par exemple, les comportements de recherche et d'approche de stimuli de récompense. L'analyse de leur latéralisation comportementale lors des entraînements nous a révélé qu'au Parc Astérix, les dauphins considéraient leurs soigneurs comme des sources de motivation et qu'ils recherchaient à interagir avec eux.

Les dauphins se prêtent-ils facilement à nos expériences en delphinarium ou aux exercices avec leurs soigneurs ? Leur motivation peut-elle également nous renseigner sur ce qu'ils ressentent ? Celle-ci est définie par le dictionnaire comme la « grande catégorie de déterminants internes des comportements, des activités psychologiques et des états subjectifs ». Nous avons voulu savoir s'il serait possible de l'étudier chez les dauphins et d'évaluer leur motivation à participer aux exercices, justement. Ainsi, après chaque séance d'apprentissage ou de soins vétérinaires, nous avons demandé aux soigneurs de jauger l'investissement des animaux sur une échelle de 0 à 4. Un tel système de notation a déjà fait ses preuves en sciences comportementales. Bien que subjectif, il fournit une vision pertinente de la réalité.

Ces notes ont été attribuées sur de longues périodes de temps, et ce qui nous a frappé, c'est qu'elles jouaient le rôle de baromètre du bien-être de nos animaux. Trois jours avant l'apparition d'un problème de santé et d'une diminution de l'appétit, la motivation des dauphins tendait à baisser.

Cette étude a été réalisée sur 51 dauphins et a débouché sur des conclusions solides : l'engagement des dauphins dans les activités que nous leur proposons indique un état de bien-être. Plus tard, nous l'avons reproduite en nous attachant cette fois à d'autres indicateurs de ce bien-être des animaux (la vitesse d'approche du lieu d'apprentissage, le niveau d'excitation, le nombre de refus d'approcher, la rapidité d'approche vers les soigneurs immergés...) et sommes parvenus à la même conclusion.

Baleines et basson

Comme vous avez pu le constater, les études sur les capacités cognitives des dauphins ont dans leur très grande majorité pris place en parc zoologique. Mais, comme je l'ai suggéré plus tôt, je pense qu'il serait possible d'énoncer de nouveaux paradigmes scientifiques pour étudier l'intelligence de ces mammifères marins aussi dans l'océan. Cependant, je le précise à nouveau, sans réitérer les études réalisées en parc zoologique. Il est nécessaire de réactualiser les questionnements de façon qu'ils aient du sens pour les animaux ainsi interrogés. Il faut alors, peut-être, en finir avec un certain classicisme scientifique et tenter de nouveaux croisements disciplinaires.

C'est ce qu'offrent les projets hybrides Arts et Sciences. Avec plusieurs collègues, nous avons entrepris d'ouvrir une fenêtre sur le monde d'un autre mammifère marin : la baleine à bosse. Pourquoi elle et pas le dauphin ? Chez ces baleines, les mâles sexuellement matures produisent des chants associés à des comportements de cour ou de territorialité. Ces chants sont décrits comme sophistiqués ; ils sont habituellement assez longs et répétitifs, avec une structure hiérarchique sur plusieurs niveaux.

Aline Pénitot est compositrice électroacousticienne, parmi d'autres activités. Elle a découvert une homologie morphologique et acoustique entre les sons émis par les baleines à bosse et ceux émis par un basson. En travaillant avec plusieurs bassonistes, elle a créé par mimétisme une banque de sons propres à être joués sous l'eau via une interface en cours d'élaboration. Aux larges de l'île de la Réunion, durant l'hiver austral 2018, Aline a joué ces éléments concrets, organisés en type de sons. Et, dans la nuit océanique, les baleines à bosse ont commencé à lui répondre…

Il y a mieux encore : l'analyse acoustique d'un enregistrement d'une vingtaine de minutes montre que les animaux modifiaient la structure de leur chant en fonction des stimuli sonores joués par Aline. Entre l'humaine et la baleine sont survenues des déformations mutuelles de leurs productions sonores. Plus étonnant et important encore, la baleine a produit de nouveaux sons pulsés. Or ces sons ont une fonction hautement sociale et émotionnelle.

La baleine à bosse aurait-elle été émue par l'échange avec cette humaine ? Contrairement à d'autres signaux (chimiques, par exemple), les sons présentent une certaine fulgurance, fulgurance modulée par l'état émotionnel de l'émetteur. Le biologiste, anthropologue, psychologue et physiologiste néerlandais Frederik Jacobus Johannes Buytendijk qualifiait le son de « signal docile aux intentions de l'émetteur et qui surgit, se transforme et disparaît ». Avec Aline, nous formulons l'hypothèse, inédite à notre connaissance, que cette communication interspécifique ne serait pas uniquement et simplement un partage d'informations, informations dont le sens nous échappe dans sa grande majorité, mais qu'il puisse également s'agir d'un partage d'émotions, contextualisées par la situation dans laquelle s'est déroulé cet échange. Notre questionnement offre la possibilité d'entrevoir d'autres fonctions du chant, fonctions si chères aux déterministes.

Et si la communication des cétacés était examinée sous le prisme de leurs états affectifs, de leurs émotions ? Je pense que cela peut être une piste sérieuse de compréhension de ces animaux sous un angle nouveau.

PARTIE III

DANS LA VIE D'UN DAUPHIN

NAISSANCE, CULTURE ET COMMUNICATION

NAÎTRE ET MOURIR DANS L'EAU

Hawaï. Quelques sifflements retentissent sous l'eau. Autour de moi, de nombreux dauphins à long bec se frottent les uns contre les autres, à l'aide de leurs nageoires pectorales ou flanc contre flanc. Leurs effleurements sont empreints de délicatesse. En m'immergeant dans les eaux gris-bleu du Pacifique, j'ai surpris les animaux en pleine socialisation. Involontairement, mon attention se focalise sur les mères et leur petit. Presque collés l'un à l'autre, ils évoluent de façon si synchrone qu'ils semblent ne former qu'un seul et unique corps. Les mères accompagnent leur petit en surface pour respirer, puis les deux cétacés replongent lentement à l'unisson. Quel âge ont les jeunes ? Impossible de le déterminer avec précision, à peine quelques mois sans doute.

Je ne me suis jamais lassée d'observer les dauphins dans leur milieu naturel. Ni même de la discipline de vie que cette activité exige une fois de retour sur terre ou sur le bateau. Moi qui suis malade en voiture sur les routes sinueuses de ma campagne natale du Lot, j'ai constaté ces trente dernières années que j'avais le pied marin et que j'aimais être en mer ! J'ai à de nombreuses reprises assuré, au côté du capitaine, les quarts de personnes couchées et souffrant d'un mal de mer tenace ; j'ai cuisiné dans des mers agitées ou monté des dispositifs de suivi des dauphins alors qu'une houle insidieuse clouait mes étudiants et parfois certains de mes collègues au fond du bateau. J'aime être à bord, m'éloigner du rivage, quitter le monde des terriens, vivre loin de l'agitation humaine pendant plusieurs jours.

Je sais que certaines personnes ont beaucoup de mal à vivre confinées à bord d'un bateau, mais c'est pour moi agréable, voire naturel. Les journées structurées en prise de poste d'observation, aide aux repas, vaisselle, archivage des données, nettoyage et préparation du matériel pour le lendemain… tout cela sur une mer d'huile ou par mer agitée, sous le soleil ou sous la pluie. J'aime me lever avant l'aube, regarder l'océan changer de couleur, écouter le bateau qui s'éveille, passer des heures en mer à la recherche des dauphins, monter des protocoles de recherche, transmettre les connaissances acquises à des collègues, à des étudiants, au grand public.

À ceux qui me demandent si ce n'est pas ennuyeux de scruter la mer, je réponds que je n'ai pas fini de m'émerveiller des couleurs des océans, tantôt gris perle, opale, bleu nuit, turquoise, vert bouteille, gris foncé presque noir, bleu azur. Il doit bien exister dans une langue humaine des mots pour décrire les eaux roses des levers de soleil aux Bahamas, les mers orange des couchers de soleil aux Caraïbes ou encore les flots laiteux du Sri Lanka.

Toujours est-il que, déjà chanceuse d'être en présence des dauphins, je vois soudain le groupe m'offrir un moment d'intimité rare. Un jeune se laisse glisser sur le flanc de sa mère jusqu'en position ventrale, pivote et coince dans sa gueule l'une des fentes mammaires de sa mère : il tète ! Comme sa mère expulse le lait dans sa gueule, il se contente d'avaler le liquide. Repu, il se décroche de la fente mammaire, et un petit nuage de lait s'échappe de sa gueule entrouverte. La séquence n'aura duré qu'une dizaine de secondes. Je tourne la tête vers les étudiants qui m'accompagnent et, à leur sourire visible derrière l'embout du tuba, je comprends qu'eux aussi se sentent des témoins privilégiés.

Je suis toujours stupéfaite d'observer les comportements sociaux des dauphins et leurs soins maternels dans cet environnement. Les jeunes paraissent si vulnérables.

J'ai eu la joie d'observer des nouveau-nés aussi bien en parc zoologique qu'en milieu naturel. À la naissance, leur corps garde les marques de leur position dans l'utérus de leur mère : les plis fœtaux strient à la verticale leur petit corps. Leurs nageoires dorsale et caudale, encore molles et recourbées, se balancent au gré des mouvements du bébé. La naissance et la mort sont deux moments importants dans l'existence des dauphins, qui manifestent des comportements de deuil quand le soleil s'est définitivement couché. Que dit la science sur le commencement et la fin de la vie d'un dauphin ?

Échographie d'une gestation

La gestation est la pré-histoire d'un être vivant. Chez le grand dauphin, elle dure entre onze et douze mois. Un bébé dauphin naît la nageoire caudale en premier, ce qui lui évite de se noyer le temps que la délivrance soit achevée. Lorsqu'il vient au monde, un bébé grand dauphin mesure environ 90 à 130 centimètres pour un poids moyen d'une trentaine de kilos. En parc zoologique, les soigneurs animaliers suivent le développement du fœtus à l'aide d'échographies régulières. Les femelles ont appris, grâce à un entraînement médical, la position à adopter pour que le vétérinaire puisse réaliser l'examen. Elles s'y plient donc de bonne grâce, recevant une solide ration de poissons et de caresses en fin d'examen.

En travaillant en parc, j'ai appris que les soigneurs animaliers étaient capables de prévoir avec une bonne précision la date de la mise bas, en suivant simplement la température de la femelle gestante. Comme pour l'échographie, la prise de température est un exercice bien assimilé par tous les dauphins adultes en parc, et l'introduction de la sonde anale fait partie des exercices routiniers pour assurer le suivi vétérinaire.

La température corporelle d'un grand dauphin oscille entre 36 et 37 °C. En période de gestation, sous l'influence de la progestérone, la température corporelle augmente de 0,5 à 1 °C. Trois semaines avant la date supposée de la naissance, les soigneurs prennent deux fois par jour la température de la future mère. Quand la naissance approche, le taux de progestérone chute et déclenche une baisse de la température, vingt-quatre à quatre-huit heures avant la mise bas. C'est un bon signe de l'arrivée imminente du bébé. J'ai pu vérifier de nombreuses fois la justesse de cette prédiction.

Comment distinguer le sexe d'un nouveau-né ? Il n'existe pas de dimorphisme sexuel chez les grands dauphins, ce qui oblige à regarder la région arrière du ventre chez l'individu pour le déterminer : les mâles arborent une grande fente (la fente urogénitale) suivie d'une petite fente (l'anus), tandis que les femelles possèdent deux petites crevasses, les « fentes mammaires », situées de part et d'autre de la fente génitale. Chez certaines espèces de cétacés, on voit parfois quatre petites fentes, mais impossible de dire si elles sont toutes fonctionnelles.

Les premiers mois du bébé sont entièrement tournés vers sa mère, avec qui il entretient une relation très forte. Juste après la naissance, il nage collé à celle-ci, sous son ventre (ce comportement est appelé en anglais *infant position*). Les deux se frottent régulièrement l'un à l'autre. Ces caresses ont un double rôle : elles renforcent le lien qui les unit et, bien sûr, rassurent le petit sur la présence de sa mère dans un environnement où la visibilité est faible, voire nulle la nuit. Peu à peu, le jeune s'émancipe. Gagnant en coordination motrice, il évolue autour de sa génitrice et vient souvent se positionner sur l'un de ses flancs, à l'arrière.

Comme un cycliste placé dans la roue d'un coureur en tête du peloton, le jeune dauphin profiterait dans cette position d'un effet d'aspiration, d'un petit coup de pouce hydrodynamique induit par le sillage de sa mère, ce qui réduirait les efforts nécessaires pour la suivre. Ce n'est sans doute pas l'unique avantage de cette promiscuité : la position sous la mère dissimulerait aussi le jeune aux yeux des prédateurs. Je peux confirmer que, pour un observateur humain non averti, un bébé camouflé à l'arrière d'une femelle n'est pas facile à repérer !

Peu avant une tétée, le bébé se glisse sous les mamelles gonflées de lait qui forment deux protubérances à l'avant de la nageoire caudale, et tape doucement dessus avec le haut de sa tête. Il répète ce mouvement par courtes séquences, ce qui stimule probablement la sécrétion de lait chez la mère. Puis le petit introduit sa langue dans l'une des fentes mammaires, ou bien l'enroule autour, et c'est la mère qui injecte le lait dans sa bouche. Le bébé ne suce pas comme pourrait le faire un jeune veau. La tétée ne dure que quelques secondes, parfois une petite vingtaine de secondes. À la fin, le nouveau-né se détache de la mamelle, et il est fréquent de voir un nuage de lait s'échapper de la bouche du jeune affamé qui n'a pas avalé sa dernière tétée.

Ce lait est très riche en protéines et en lipides. Certains jeunes commencent à être sevrés entre quatre et douze mois, et ils le seraient totalement entre dix-huit et vingt mois. Mais j'ai observé des dauphins âgés de trois ans et parfois plus continuer de téter sporadiquement leur mère, bien qu'ils fussent sevrés.

À quel âge les dauphins atteignent-ils la maturité sexuelle ? On ne sait pas pourquoi cette étape dans le développement n'est pas atteinte au même âge pour les mâles et les femelles, ni pourquoi elle varie en fonction des lieux géographiques. En Floride, les femelles atteindraient la puberté et seraient sexuellement matures vers cinq à douze ans, les mâles vers dix à treize ans. En Afrique du Sud, ce serait entre neuf et onze ans pour les femelles et vers quatorze ou quinze ans pour les mâles. Chez les grands dauphins, il n'y a pas de repères anatomiques visibles à l'œil nu qui permettent d'établir que nous avons affaire à des animaux pubères. Les âges et tailles que j'indique ici correspondent à des approximations, nous ne connaissons bien évidemment pas l'âge exact des dauphins à leur maturité sexuelle.

Deux études menées en 2020 complètent ces chiffres. L'une, menée en Australie sur 88 carcasses de femelles dauphins collectées entre 1987 et 2015 et sur des observations de terrain, montre que l'âge moyen auquel elles seraient sexuellement matures serait de 7,17 ans (entre six et quatorze ans). L'autre étude, réalisée en Méditerranée et basée sur treize ans de suivi de photo-identification, a indiqué que 7 femelles ont eu 16 bébés, et que les naissances avaient majoritairement lieu entre juin et juillet. Le nombre moyen de petits par femelles était de 2,3. L'intervalle entre deux naissances consécutives était de 3,5 années, et l'âge moyen de sevrage, 3,2 ans. L'âge de la première gestation se situait à 7,5 ans environ.

Les auteurs expliquent aussi que le jeune restait dans le groupe maternel entre quatre et dix ans et que, malheureusement, la mortalité des bébés âgés de moins d'un an était élevée, atteignant les 12,5 %. J'ai vu assez souvent des femelles perdre leur premier nouveau-né. C'est un souvenir fort et triste de mes missions aux Bahamas. Un jour, nous nous réjouissions de voir une jeune femelle accompagnée de son premier nouveau-né et le lendemain, les jours suivants ou d'une saison sur l'autre, nous retrouvions cette femelle nageant seule, sans son enfant. Qu'était-il arrivé à son bébé ? Un mystère qui restera entier. C'est l'une des conséquences de la vie aquatique : quand un dauphin meurt, sa dépouille sombre dans les abysses et disparaît à jamais.

Comme des ados attardés

Pour les jeunes, l'étape suivante survient entre vingt-quatre et trente-six mois : maintenant sevrés, ils s'éloignent de leur mère. Soit ils partent de leur propre chef, soit celle-ci les y encourage. Les comportements des femelles sont parfois assez violents : elles se détournent quand le jeune s'approche, s'écartent de lui, l'évitent ou le repoussent. Elles semblent agacées par la présence de leur petit à leurs côtés et perdent rapidement patience. Dans de rares exceptions à cette règle, certaines mères continuent à allaiter leur jeune au-delà des trois ans. Alors que celui-ci chasse et consomme des poissons, et vit sa propre vie de son côté, il revient ponctuellement auprès de sa protectrice qui accepte qu'il s'accroche à ses mamelles.

Autre bizarrerie sociale : il y a ces jeunes dauphins, mâles ou femelles, qui ne quittent pas leur mère. Même si celle-ci les a remplacés et a un nouveau-né, ils restent auprès d'elle et deviennent des partenaires de jeu pour leur petit frère ou petite sœur, pouvant même exercer le rôle de baby-sitter. J'ai observé ces Tanguy, incapables de s'émanciper complètement, aussi bien en mer qu'en parc zoologique. Dans tous les cas, ce comportement est « coconstruit » entre le jeune et sa mère, car, pour qu'il perdure, la mère doit l'accepter, le tolérer et parfois l'encourager.

Lorsque la mort frappe

Au cours de leurs premières années, les jeunes s'exposent à toutes sortes de dangers (raréfaction des ressources alimentaires, présence de prédateurs et de filets de pêche, ouragans), mais le péril peut venir de leur propre camp. Régulièrement, des articles scientifiques rapportent des cas d'infanticides chez des grands dauphins et, plus récemment, chez des dauphins boto d'Amazonie. Souvent, il s'agit de plusieurs mâles qui s'attaquent violemment à des nouveau-nés. Ils les blessent à coups de rostre ou de nageoire caudale, les propulsent violemment hors de l'eau.

Impuissantes face à ces coalitions, les mères tentent de secourir leur bébé en les poussant devant elles avec leur rostre, voire en les portant sur leur dos. Malheureusement sans grand succès, et ces exactions s'achèvent par la mort du jeune.

Pourquoi les dauphins commettent-ils des infanticides ? L'explication classique donnée par l'écologie comportementale a trait au succès reproducteur : en tuant la progéniture de leurs concurrents, les mâles rendent les femelles à nouveau sexuellement disponibles. Ils libéreraient une place pour leurs propres gènes, en somme. Une hypothèse alternative propose que, par ces mises à mort, les mâles améliorent la survie du groupe : un dauphin mort est une bouche de moins à nourrir. Le comportement d'infanticide n'a pas été suffisamment étudié pour avancer d'autres explications à ce jour, à mon sens. J'ai eu moi-même l'occasion d'observer des échanges très violents entre des mâles et de très jeunes dauphins, aussi bien en parc zoologique qu'en plein océan, et le sens de ces altercations m'a toujours échappé. Peut-être est-ce le seul fait de quelques mâles à la personnalité atypique ?

Comment réagit la mère face à la mort de son bébé ? Parfois, elle sombre dans un état étrange qui s'apparente à une forme de deuil. Des témoignages et des études rapportent que des femelles dauphins ont été vues poussant la dépouille de leur bébé des jours entiers. Et ce même lorsque la carcasse tombait en putréfaction. D'autres fois, des mères ont été vues maintenant sous l'eau leur bébé décédé qui avait tendance à flotter, comme si elles tentaient de faire couler le petit corps. Les mères manifestent ces comportements de deuil non seulement dans les cas d'infanticide, mais aussi lorsque leur bébé a été victime d'un prédateur ou emporté par la maladie.

Ces comportements à l'égard de leurs morts sont-ils spécifiques aux mères dauphins ? Une étude récente nous renseigne sur la question. Les chercheurs qui en étaient à l'origine s'intéressaient aux comportements *épimélétiques* dans leur ensemble. Le terme désigne les attitudes altruistes ou empathiques d'un individu vis-à-vis d'un congénère en mauvaise santé, en difficulté ou mort. Or, pour s'affranchir des connotations fortement émotionnelles, ces chercheurs ont proposé l'expression « comportements d'attention post-mortem » (*postmortem attentive behaviour* ou PAB).

Les chercheurs ont analysé 78 cas rapportés de PAB entre 1970 et 2016 chez toutes les familles de cétacés confondues (les observations concernaient 20 espèces parmi les 88 connues). Leur conclusion ? Ce comportement est plus observé chez les odontocètes, les cétacés à dents, que chez les mysticètes, les baleines. Et il est plus fréquent chez les delphinidés, tout particulièrement des genres *Sousa* et *Tursiops,* le grand dauphin des parcs zoologiques (plus de 55 % des cas rapportés).

Quand il a été possible d'identifier les sexes, ce sont majoritairement des femelles qui développent ces comportements à l'égard de leur nouveau-né ou de leur juvénile, et parfois à l'égard de jeunes non apparentés. Des mâles ont été aussi vus portant les juvéniles décédés en présence des femelles. Une observation brouille les cartes sur le sens à donner à la réaction des mâles : dans un quart des cas rapportés de PAB, ceux-ci ont dirigé des comportements sexuels sur les dépouilles d'individus adultes ou subadultes.

Les dauphins manifestent-ils un véritable deuil ? Même en faisant preuve d'une grande prudence pour donner une explication la plus simple et raisonnable possible, force est de reconnaître que ces comportements questionnent la difficulté des cétacés à « laisser partir » un congénère, un proche. Ils semblent éprouver des difficultés à comprendre et à accepter la mort d'un nouveau-né ou d'un partenaire. Un résultat récent va dans ce sens. Les vocalisations d'une femelle grand dauphin émettant des comportements épimélétiques à l'égard d'un petit mort ont été enregistrées. Or cette signature sifflée correspondait, dans ce contexte, à un signal de détresse ayant pour fonction d'appeler ses congénères à son secours.

Une étude de 2018 sur des dauphins blancs de Chine dans la baie de Sanniang relatait déjà qu'une femelle produisait des vocalisations particulières, des sifflements plus longs et plus complexes que ceux habituellement enregistrés lors des interactions sociales, alors qu'elle nageait avec un petit mort sur son dos. Qu'en déduire ? Ces données sont autant de témoignages sur la complexité et la richesse de la vie émotionnelle de ces animaux. Les femelles semblent comprendre que la situation est anormale, qu'il se passe quelque chose de différent : le manque de réactivité de leur bébé, son « odeur » les perturbent. Leur disparition afflige de nombreuses mères. Le deuil chez les animaux demeure un vaste champ d'investigation scientifique, qui contribue à une meilleure connaissance de leur vie mentale, de leur existence.

CULTURES SOUS-MARINES

Debout sur le pont du catamaran, Denise annonce d'une voix de stentor : *Crater feeding behaviour !* (un comportement alimentaire des dauphins qui consiste à creuser le sol pour trouver des proies). De son œil averti, elle a immédiatement compris à quelle activité se livrent les cinq grands dauphins. Ils font régulièrement surface après des apnées assez longues et nagent en ordre dispersé. Comme le vent est tombé aujourd'hui, nous étouffons sous une chaleur écrasante typique d'un été aux Bahamas. En contrepartie, nous naviguons sur une mer d'huile.

Nous nous arrêtons à bonne distance des cétacés. Immédiatement, la chaleur redouble et, en quelques minutes, nous ruisselons de sueur. Je ne serais pas contre une petite mise à l'eau. J'enfile palmes, masque et tuba, sans oublier mon T-shirt en Lycra pour me protéger du soleil. Munie de mon appareil photo pour prendre les identités des dauphins, je me glisse dans l'océan depuis la plateforme arrière du bateau. Tout mon corps se détend instantanément au contact de la fraîcheur toute relative.

L'eau est incroyablement claire. Nous sommes en début d'après-midi, le fond de sable blanc m'éblouit presque. Quelques coups de palmes m'amènent au centre d'un ballet de grands dauphins qui alternent entre la surface et le fond : ils chassent. Je suis saisie par ce silence, silence pour mes oreilles d'humaine. À n'en pas douter, les dauphins écholocalisent. Ils basculent leur corps vers le sol, pivotent la tête pour sonder les alentours, puis partent soudain comme des flèches vers leur cible.

Parvenus au niveau du sable, ils ne freinent pas, mais s'enfouissent dedans, parfois jusqu'au niveau des nageoires pectorales. La progression dans ce milieu meuble exige d'eux de petits balancements ou des rotations sur eux-mêmes. Quand leur tête émerge enfin du trou qu'ils ont creusé, leur gueule contient invariablement… un petit poisson plat. La chasse simultanée de tous les membres du groupe a laissé sur le fond sableux un champ de trous qui évoquent des cratères de volcans. Pendant toute l'heure que nous restons à les observer, aucun des dauphins n'a prêté attention à nous.

Depuis 2000, l'année où j'ai intégré ce projet, j'ai eu la chance d'assister à de nombreuses reprises à cette méthode atypique de pêche chez les grands dauphins. Ils sont parfois accompagnés de requins nourrices qui, de manière opportuniste, profitent goulûment des mollusques et autres poissons que l'effervescence des dauphins a dérangés. Parfois, je n'ai vu que les vestiges de la chasse, c'est-à-dire les cratères. De façon étonnante, sur les territoires fréquentés par les grands dauphins et les dauphins tachetés, seuls les premiers ont développé et perpétuent ce comportement culturel. Pourquoi ? Je l'ignore.

Comportement « culturel » ? Peut-être l'expression vous semble-t-elle abusive, mais le mot culture est largement employé aujourd'hui en biologie animale. Selon le primatologue anglais, professeur émérite à l'université de St Andrews en Écosse, Andrew Whiten et ses collègues, un comportement culturel est un agissement « transmis de manière répétée par l'apprentissage social ou par l'observation pour devenir une caractéristique au niveau de la population ». L'inclination des grands dauphins à faire l'autruche dans le sable des fonds marins aux Bahamas colle parfaitement à cette définition.

Les exemples de culture animale sont nombreux. En Nouvelle-Calédonie, des corbeaux fabriquent des hameçons pour attraper des proies, notamment à partir de feuilles de *Pandanus*. La zoopharmacognosie, l'étude des substances naturelles ingérées par les animaux à des fins thérapeutiques, révèle que des animaux ont appris à se soigner. La nature de ces soins et leurs modes opératoires sont propres à des communautés d'individus. Dauphins, grands singes, éléphants, ours, chacals et chèvres, pour ne citer qu'eux, pratiqueraient l'automédication. En Amazonie, des jaguars ont appris à vivre plusieurs mois au sommet des arbres pour se protéger des inondations. Diverses et prenant une infinité de formes, les cultures animales témoignent de la complexité de la vie des autres habitants de la planète Terre (en dehors de nous).

J'ai déjà mentionné plusieurs exemples de comportements culturels chez les dauphins (ils se protègent le rostre avec une éponge lorsqu'ils fourragent le sol, par exemple), mais par quels processus transmettent-ils leurs connaissances à leurs congénères ? Ces observations sont-elles anecdotiques, ou les dauphins forment-ils de véritables sociétés du savoir, au sein desquelles de nouvelles techniques émergent régulièrement, avant de se diffuser au reste du groupe ?

Les conditions du succès

Mais d'abord, quelles conditions favorisent l'émergence de comportements culturels ? Je vais être un brin abstraite. Ces comportements ont évidemment tendance à apparaître dans des groupes animaux où les membres interagisssent et échangent des informations sociales. La proximité entre individus facilite les apprentissages et leurs transmissions. On parle de « facilitation sociale » quand un animal, attiré par l'activité d'un congénère, y prête une attention particulière. C'est un prérequis à toute copie par autrui. Pour reproduire fidèlement les mouvements du congénère qu'il observe, l'animal doit ensuite se représenter l'action, anticiper et comprendre les relations de cause à effet. Sans en avoir l'air, l'imitation mobilise des capacités cognitives poussées.

Éventuellement, l'apprentissage d'un comportement culturel peut être le produit d'un enseignement volontaire. Un animal montrera un savoir-faire à un autre en requérant et en maintenant son attention, en exagérant son geste, en le répétant et, parfois, en corrigeant celui de son élève. Les trois processus que sont la facilitation sociale, l'imitation et l'enseignement volontaire sont modulés par divers éléments : la nature du comportement transmis, le statut social des individus, leur âge, l'expérience du démonstrateur, la tolérance et la proximité des individus, la densité et la constitution du groupe et la durée des soins maternels, etc. L'ensemble de ces paramètres influence la vitesse de transmission et de diffusion d'un comportement culturel au sein d'un groupe d'animaux, voire d'une espèce. Enfin, l'espérance de vie compte aussi.

Dans des sociétés animales où les animaux vivent longtemps, il semble assez logique d'envisager qu'ils auront davantage d'opportunités pour transmettre et diffuser des connaissances acquises. Encore que cette dernière règle souffre d'exceptions : il existe des animaux dont les durées de vie ne sont pas particulièrement longues, mais qui instaurent aussi des cultures. Je pense notamment aux poulpes du site Octopolis en Australie, une cité sous-marine fondée par ces animaux, qui, bien qu'ils vivent environ deux ans, montrent des comportements sociaux inhabituels et remarquables. Vouloir simplifier le vivant est une gageure.

Les dauphins s'épanouissent dans des sociétés de type fusion-fission, avec des interactions et des relations interindividuelles nombreuses et parfois durables. Leur espérance de vie moyenne est d'environ vingt-cinq ans en milieu naturel, contre une trentaine d'années en parc zoologique, et ils sont connus pour posséder des capacités cognitives élaborées. En théorie, tous ces éléments en font de très bons candidats pour la mise en place de comportements culturels complexes. Mais qu'en est-il en réalité ?

Chez les delphinidés ou les cétacés en général, de nombreuses techniques de chasse sont transmises de génération en génération. Depuis la fin des années 1960 et le début des années 1970, des cétologues rapportent des anecdotes dans lesquelles ils décrivent des dauphins arrivant rapidement, de manière isolée ou en groupe, sur des plages boueuses : là, ils glissent, saisissent et engloutissent les poissons qu'ils ont poussés à s'échouer. Ces cétacés progressent, non pas à plat ventre, mais sur le côté. Puis ils retournent à l'eau en se contorsionnant et en battant de la nageoire caudale.

De telles stratégies de chasse ont été observées au sein de groupes d'individus dans l'État de Géorgie, en Caroline du Sud, en Louisiane et au Texas dans les États-Unis d'Amérique, mais aussi dans les eaux de Basse-Californie. Comme je le mentionnais plus haut, cette technique de chasse peut être solitaire ou bien sociale. Dans ce dernier cas, il s'agit d'une technique coopérative qui mobilise plusieurs dauphins. Ceux-ci avancent en une formation linéaire et coordonnent leurs approches, laissant peu de chances aux proies de leur échapper. Une sorte de filet vivant qui rabattrait les bancs de poissons vers les berges.

Mur droit devant !

Il existe d'autres techniques de pêche tout aussi inventives. Par exemple, des scientifiques ont observé des dauphins solitaires taper de la nageoire caudale à faible profondeur pour soulever un nuage de boue près du bord. Le panache agit comme une barrière qui piège les poissons, si bien que les dauphins n'ont plus ensuite qu'à se servir !

Acculer les proies frétillantes contre un obstacle, des berges, des plages, voire un pilier de forage lors de travaux de construction marine, est une spécialité des dauphins. En 2020, un groupe de chercheurs américains a décrit pour la première fois un comportement similaire chez des animaux agissant en solo. Dans le marais de Biloxa, en Louisiane, les dauphins longent les berges herbeuses et boueuses et, dès qu'ils repèrent une proie, la poursuivent et la poussent vers le piège des herbes hautes et denses. Point besoin de congénères et pas de poisson à partager…

Ces exemples révèlent de fortes similitudes. La technique de chasse suivante, en revanche, risque de vous étonner. Dans le sud du Brésil, une communauté de pêcheurs artisanaux et des grands dauphins coopèrent pour capturer des poissons. Les premiers s'immergent jusqu'à la taille, puis attendent que les seconds rabattent des proies vers eux. Je ne parle pas ici de petits poissons de bord de mer, mais de belles prises ramenées des profondeurs vers la côte spécialement pour l'occasion. Pourquoi les dauphins jouent-ils les rabatteurs ? Attendez de voir la suite.

Dans l'eau trouble, les pêcheurs patientent alors, attentifs aux mouvements des dauphins, mais surtout à leur signal. Ce signal est un hochement de tête de l'animal, accompagné d'un mouvement de pointage du rostre dans une direction précise. Les pêcheurs connaissent alors le lieu de progression des poissons. Et ils n'ont qu'à jeter leurs filets pour remporter une pêche miraculeuse. Beaux joueurs, ils partagent ensuite leurs prises.

Je voudrais mettre les points sur les i : le signal émis par les dauphins, le hochement de tête, est véritablement destiné aux pêcheurs. Ce récit est véritablement celui d'une entraide entre animaux et hommes. Des chercheurs de l'université de Santa Catarina, au Brésil, ont montré que, parmi tous les dauphins vivant dans la région, seuls ceux qui fréquentaient très régulièrement cette zone de pêche participaient à cette action coopérative. Vraisemblablement, ce groupe a compris qu'en restant dans les environs, ils allaient voir les humains pêcher et qu'en coopérant, ils s'assuraient une prise alimentaire.

Mais qui a appris de qui ? Les dauphins sont-ils à l'initiative de cette pêche ou sont-ce les humains ? Mystère. Quoi qu'il en soit, les uns et les autres tirent aujourd'hui bénéfice de cette collaboration. D'autres situations de coopération humains-dauphins trouvent une issue moins heureuse. Depuis déjà plusieurs années, dans tous les océans, des scientifiques rapportent que des dauphins ont appris à suivre les chalutiers et à se nourrir directement dans les réserves poissonneuses de leurs filets. En Caroline du Nord, un État du sud des

États-Unis où la pêche à la crevette prospère, l'activité de chapardage concerne les crustacés.

Ce comportement, qui consiste à consommer les proies prises dans les filets, a longtemps été appelé « déprédation ». Aujourd'hui, cette dénomination est remise en cause par les scientifiques, qui proposent de parler de comportement alimentaire autour et dans les filets de pêche, voire carrément de prédation. Le terme déprédation suggère en effet que les dauphins auraient l'intention de voler les poissons pris dans les filets. Or ils ont véritablement développé une nouvelle technique de pêche. Quoi qu'il en soit, ces comportements sont dangereux pour les cétacés, susceptibles de se retrouver emprisonnés dans les chaluts ou hameçonnés sur les palangres. Mais c'est aussi une source de conflits violents entre des pêcheurs privés d'une partie de leur butin et des mammifères marins qui risquent la mort. En France, le premier événement de mortalité inhabituelle de cétacés date de 1989, avec environ 700 petits delphinidés échoués sur la côte Atlantique, pour la plupart d'entre eux suite à des prises accidentelles (c'est-à-dire des animaux pris accidentellement par les pêcheurs). Entre 2013 et 2018, ce sont 80 marsouins, 860 dauphins communs et 57 dauphins bleu et blanc qui ont ainsi été retrouvés morts sur cette côte. En 2017, la mortalité accrue de dauphins communs a été officiellement associée à des prises accidentelles. Afin de compléter le dénombrement de ces décès, les scientifiques réalisent des transects aériens. Ainsi, en janvier-février 2021, ils ont comptabilisé environ 6 800 petits delphinidés tués, dont 3 670 lors de prises accidentelles des navires de pêche et 3 125 carcasses qui dérivaient à la surface de l'océan. Ces chiffres donnent le tournis. Il est temps que des mesures soient prises.

Comme nous l'avons noté, les dauphins savent faire montre d'une grande créativité quand il s'agit de développer des comportements alimentaires inédits. Mais ils ne sont pas les seuls. Au sein des cétacés, les orques ont un régime alimentaire très diversifié : elles chassent et consomment des poissons, des raies, des requins, des pinnipèdes, mais aussi d'autres cétacés tels que des dauphins, des baleines à bosse ou des baleines grises ; elles sont connues pour leur créativité en termes de comportements alimentaires. Cette quête n'est pas le seul domaine où s'expriment des traditions culturelles. Quelques anecdotes isolées ouvrent une fenêtre sur un monde secret dont nous commençons tout juste à entrevoir les arcanes.

Une station de toilettage en plein océan

En 2007, près de Port Everglades, dans le sud de la Floride, des plongeurs américains observent deux grands dauphins se livrer à un curieux manège. Leur respiration prise en surface, ils descendent aussitôt en piqué au fond pour frotter leur tête et leur corps de manière répétée sur des éponges, des ircinidés de couleur brun rougeâtre. Ensuite, les dauphins remontent à la surface pour respirer, puis s'en vont reprendre leur séance de grattage. Les allées et venues dureront plusieurs minutes. Quel sens leur attribuer ?

Rappelez-vous : le renouvellement des cellules de l'épiderme des dauphins se fait toutes les deux heures. Ces animaux se frottent donc régulièrement sur des supports inertes pour éliminer les peaux mortes. Or, contrairement à d'autres éponges, les ircinidés sont robustes et souples, et ne se brisent pas facilement. C'est donc l'objectif numéro un de ces frottements contre leur surface : les dauphins cherchent à se desquamer. Mais là où les choses deviennent intéressantes, c'est que cette variété d'éponge sécrète en outre des substances aux propriétés antimicrobiennes, antivirales, anti-bactériologiques, anti-inflammatoires et anti-tumorales. Comment dès lors ne pas penser que les cétacés viennent à leur contact aussi pour se toiletter et éventuellement se soigner ? Cette hypothèse a été confirmée en 2022 par une équipe scientifique internationale : elle a montré que des dauphins de l'Indopacifique, dans la région nord de la mer Rouge, en Égypte, pratiquaient l'automédication. Les chercheurs ont collecté et analysé les éponges, les gorgones et les coraux mous sur lesquels se frottaient les dauphins. Ils ont alors identifié 17 composés bioactifs connus pour traiter infections bactériennes ou virales.

Une observation similaire a été faite en 2006 sur la côte est du Brésil. Un groupe de dauphins de Guyane a été vu en train de se frotter sur le fond boueux de l'estuaire tout en faisant des huit à l'horizontale. Quand ensuite ils nageaient, ils arboraient toujours les plaques de vase collées au corps, visiblement avec la ferme intention de les conserver. Quelle pouvait bien en être la fonction ? Difficile à dire, car les cétologues avaient observé préalablement ces animaux en train de chasser, de sorte que ce comportement pourrait relever d'une nouvelle technique de pêche (farfouiller dans les sols boueux), d'une séance de toilettage, d'un soin spécifique ou bien des trois.

À l'île de la Réunion, mon ami et accompagnateur en whale-watching Emmanuel Antongiorgi m'aide ponctuellement dans mes recherches. Curieux et passionné, il filme chacune de ses rencontres sous-marines. Il dispose ainsi d'une banque conséquente de vidéos. Dans plusieurs d'entre elles, on voit un dauphin de l'Indopacifique, toujours le même, s'approcher, poisson en gueule, de ses clients immergés et affublés de masque et tuba. La prise est entière ou à moitié mangée. Identifiable grâce aux marques sur son corps, le dauphin est invariablement accompagné de son partenaire de dyade.

Lors de mes missions scientifiques sur place, j'ai été témoin une fois de la scène. L'animal s'est approché en surface et a agité le poisson en secouant la tête de droite à gauche. Il ne l'a pas laissé s'échapper et ne l'a pas consommé en notre présence. Comment interpréter ce comportement ? Il est difficile de comprendre la séquence à partir des courts passages vidéo recueillis sans méthodologie scientifique ou après un bref passage de ces animaux. Peut-être est-ce une façon pour le dauphin d'accueillir ou de saluer les nageurs ? L'hypothèse peut paraître hardie, mais ce qui se passe ailleurs, dans l'État de Washington aux États-Unis, pourrait bien la conforter.

Là-bas, dans le chenal de l'île de San Juan, des orques ont une façon bien particulière de se saluer. Les scientifiques qui les étudient parlent d'un comportement culturel qui serait une « cérémonie de salutations ». Celle-ci prend place entre des sous-groupes d'orques, pouvant inclure 20 à 30 individus qui ne se sont pas vus et côtoyés pendant un moment. En surface, les deux sous-groupes alignés se font face, puis plongent ensemble pendant quelques minutes, remontent à l'air libre et effectuent alors une variété de mouvements, synchrones ou non. Cette frénésie de comportements pourrait être interprétée comme une certaine joie de se retrouver. Ce qui est frappant ici, c'est la constance de cette cérémonie dans son organisation et sa réalisation. Ces retrouvailles semblent suivre un scénario immuable.

Les salutations pourraient peut-être être envisagées comme une « convention sociale ». Chez l'humain, la façon dont nous nous saluons est une convention sociale, c'est-à-dire qu'elle bénéficie aux humains qui la manifestent. Elle est efficace, stable et arbitraire. Le pendant chez les orques répondant à ces trois critères, il serait intéressant de l'envisager en tant que tel. Ce serait une première chez les cétacés, ces animaux pourtant sociaux. Avec son poisson mort dans la gueule, le dauphin réunionnais serait-il en train d'initier un « bonjour » destiné aux humains ? La perspective m'enchante et me procure des frissons en même temps.

Shootés au tétraodon ?

Les traditions culturelles ne sont pas nécessairement toutes bonnes à prendre. Nous, humains, buvons parfois du café plus que de raison, fumons et… (à vous de remplir par un vice dont vous avez du mal à vous débarrasser). Chez les dauphins, certaines manies, comme la prédation dans les filets de pêche, sont délétères, voire mortelles. Les transmissions intergénérationnelles de ces savoirs deviennent alors un obstacle, remettant parfois en cause la survie d'un groupe d'animaux. Je pense à un autre comportement qui reste inexpliqué, mais dont les conséquences pour les dauphins qui le pratiquent sont potentiellement dangereuses.

Dans une série documentaire de la BBC appelée *Spy in the Pod*, on voit des dauphins prendre un shoot de poissons-globes, des Tétraodontidés, ces poissons qui gonflent face à un danger. Les vidéastes ont filmé un groupe se passant de l'un à l'autre un poisson-globe pendant vingt à trente minutes. Or ces poissons, lorsqu'ils pressentent une menace, sécrètent une substance chimique qui, à faible dose, serait hallucinogène. De fait, le documentaire rapporte que les dauphins nageaient de façon « bizarre », erratique, après avoir « joué » avec le poisson-globe. Les dauphins se shootent-ils au poisson-globe ? Pas si sûr ! Selon une biologiste américaine, spécialiste des toxines, les tétraodons sécrètent une substance pouvant être très toxique, mais qui ne traverse pas la barrière sang-cerveau. Ce poison n'agit donc pas comme une drogue. Mais il est vrai que la substance, si elle est ingérée, est très dangereuse, voire létale. Toujours selon cette chercheuse, ce comportement est probablement un acte isolé de jeunes dauphins qui tentent de nouvelles expériences… à leurs risques et périls.

Il est connu que les singes, par exemple, aiment consommer des fruits riches en sucre et donc en éthanol, que les éléphants peuvent se saouler en consommant des fruits pourris dont la fermentation produit de l'alcool, que les mouflons canadiens raffolent d'un lichen narcotique et que les chevaux mangent du cannabis. Alors, pourquoi pas les dauphins ?

Une fois de plus, l'écologie comportementale a des difficultés à expliquer ces traditions et leurs fonctions. Pour l'éthologie constructiviste, à l'inverse, ces comportements sont des clés précieuses qui renseignent sur l'*Umwelt* des dauphins. En milieu naturel, nous sommes des témoins d'événements qui ne se reproduisent pas toujours. En outre, il est extrêmement rare que les conditions soient de notre côté afin que nous puissions observer les animaux distinctement et calmement, dans une eau peu profonde et limpide. Je ne compte plus le nombre de fois où, depuis le bateau, j'ai été bien incapable de dire ce qu'il se passait sous l'eau, à quelques mètres seulement de moi. Même si le rythme des respirations, la puissance des expirations, la vitesse des mouvements, leur fluidité et leurs enchaînements, et l'occupation spatiale sont des indicateurs précieux, le fait de ne pas assister à la scène dans sa complétude fragilise l'interprétation des faits.

Dès lors, quand toutes les conditions sont réunies pour nous offrir de belles observations, nous apprécions la chance que nous avons d'être des témoins privilégiés de la vie des dauphins. Et lorsque ces derniers initient la rencontre, ils vous laissent alors pénétrer dans leur intimité. Le monde des dauphins est plus complexe, plus sophistiqué que ce que l'on soupçonne. Dans ces sociétés, des membres naissent, d'autres disparaissent, « pleurés » par leurs proches ; des traditions voient le jour et se perpétuent, des apprentissages sont assurés, des mères protègent leur petit. Mais il existe une autre facette de la vie des dauphins, peut-être moins connue encore…

LA FACE IGNORÉE DES DAUPHINS

Il n'est pas rare, pour des personnes peu familières des dauphins, de mal interpréter leurs comportements. Allez savoir pourquoi, ces animaux font partie de ces espèces pour lesquelles beaucoup de personnes ont développé une hyperphilie et pensent détenir une connaissance atavique de leur nature profonde, de ce qu'ils pensent et aiment. Or les dauphins sont loin de se restreindre à l'image d'animaux rieurs et joueurs que les films et les séries télévisées ont dépeinte d'eux.

Lever les malentendus

La méconnaissance de leur façon de communiquer est la source de profonds malentendus, comme j'ai eu l'occasion de m'en rendre compte à de nombreuses reprises. Je pense par exemple à des plaisanciers américains aux Bahamas, qui avaient insisté pour venir à notre bord, un soir, afin de nous montrer une séquence de jeux avec des dauphins tachetés, nous certifiant que nous n'avions jamais vu une telle « symbiose » entre humains et dauphins. En fait, leur film montrait l'exact contraire.

Sur la vidéo, on voyait trois ou quatre individus alignés comme une troupe de soldats, claquant des mâchoires et secouant la tête, gueule ouverte, tout en émettant des sons pulsés très bruyants. Face à eux, inconscients du véritable sens de cette agitation, une partie des nageurs applaudissaient et dansaient dans l'eau, allant et venant entre la surface et les quelques mètres de profondeur où la scène avait été tournée. Un gouffre béant séparait la façon dont les gens avaient vécu la situation et celle des dauphins. L'incompréhension était totale.

Stupéfaits, nous restions muets en visionnant la séquence. Interprétant notre silence comme de la fascination, nos invités en rajoutaient : *Vous ne pouvez pas imaginer à quel point nous avons été ravis, enchantés par cette rencontre.* Intérieurement, je me disais : *C'est la première fois que je vois une telle violence dirigée vers des nageurs de la part de dauphins tachetés.* À l'instar du fossé absolu dont les images témoignaient, ces personnes et moi n'étions absolument pas sur la même longueur d'onde.

Dans leur chance, les touristes n'avaient pas croisé la route de grands dauphins, beaucoup plus prompts à passer au stade supérieur de l'agression physique. Avec maîtrise et sang-froid, Denise leur a expliqué à quel point ils se trompaient et que les dauphins avaient passé avec eux un moment extrêmement désagréable. Le pire dans tout cela, c'est que je ne suis pas certaine qu'ils aient entendu le sens de ce message. Ils avaient passé un si bon moment, comment aurait-il pu en être autrement pour les dauphins ?

En outre, il faut savoir que la frontière entre les activités ludiques et la violence est parfois très ténue, chez les dauphins. Bien sûr, les dauphins jouent... par exemple avec des algues. Comment ? Ils les maintiennent sur leurs nageoires pectorales ou caudale, les font glisser de leurs nageoires pectorales vers leur nageoire caudale, les agitent au bout de leurs nageoires, les laissent tomber, les saisissent à nouveau, parfois les mettent dans leur gueule, les recrachent, regardent les mouvements de ces objets dans l'eau et, d'un coup de caudale, créent un flux d'eau qui en dévie la trajectoire, etc. Les animaux s'adonnent à ces jeux, qui durent parfois plusieurs minutes, en solitaire ou à plusieurs. Les dauphins à long bec sont, par exemple, connus pour jouer ensemble avec, au choix, des algues ou, de manière moins écologique, des morceaux de plastique, ce qui témoigne de la pollution de leur milieu de vie.

Comme les canidés ou les primates, chez lesquels on trouve une posture de sollicitation, d'invitation au jeu, respectivement un *play bow* (pattes avant au sol et train arrière relevé) et une *play face*, les dauphins expriment des sollicitations au jeu en se laissant couler à la verticale puis en remontant tout doucement. Ils enchaînent ces mouvements lents de yoyo sur de courtes séquences. Ils peuvent aussi se laisser flotter sur le flanc, à la surface de l'eau ou sur le fond. Au travers de ces comportements, ces cétacés signifient aux autres qu'ils sont disponibles, prêts à interagir positivement, parés à jouer ! Ils accompagnent leurs jeux de productions sonores variées, des clics, des sifflements et des sons pulsés. Mais il arrive que ces jeux sociaux deviennent si intenses qu'ils sombrent dans la violence, en particulier chez les jeunes mâles. Il n'est pas rare d'observer les protagonistes finir ces interactions fatigués, le corps zébré de morsures.

Un rictus trompeur

La difficulté pour une personne non avertie qui assiste à ces démonstrations violentes est que les dauphins affichent un sourire permanent. Qu'ils soient joyeux, malheureux, apeurés, frustrés ou enjoués, leurs expressions faciales sont figées dans ce rictus. Contrairement à d'autres animaux dont il est possible de lire les émotions grâce à des mimiques bien distinctes, les dauphins ont une expression faciale réduite au minimum. Les poils hérissés ou non des chiens et des chats, leur queue dressée ou basse sont autant d'indicateurs de ce qu'ils éprouvent. Les dauphins, eux, ne peuvent pas coucher en arrière leurs oreilles, hérisser leur poil et/ou montrer les dents. Dans des situations intensément violentes à leur encontre, ils s'expriment avec la boîte à outils comportementale et acoustique dont ils disposent. À nous de faire l'effort de les comprendre.

Dans une situation que les dauphins vivent comme anxiogène, il est courant de les voir ouvrir grand leurs yeux, et donc de découvrir le blanc entourant la pupille, mais c'est à peu près tout. Par ailleurs, leur silhouette, en forme de torpille et peu mobile, n'aide guère : les dauphins semblent engoncés dans un corps lisse et massif. Cette rigidité ou ce minimalisme dans l'expressivité corporelle de leur vécu émotionnel engendrent des confusions d'interprétation récurrentes chez les non-initiés. Les attributs anatomiques des dauphins compliquent en outre grandement la lecture de leurs comportements.

Il faut être un observateur aguerri pour percevoir de la frustration chez eux ou comprendre qu'une activité sociale ludique est en train de dégénérer. En mer, lorsqu'un groupe de dauphins progresse à vive allure, bondissant hors de l'eau de façon régulière et synchrone, nombre de personnes pensent que les dauphins sautent de joie. Or, en réalité, quand un mammifère marin passe plus de temps dans l'air que dans l'eau et file à toute vitesse, cette course éperdue accompagne généralement un changement brutal de direction provoqué par un événement désagréable. J'ai fréquemment été la témoin à Hawaï de ce marsouinage chez des dauphins à long bec. Or systématiquement, à chaque fois que les dauphins fonçaient comme des bolides, des requins-tigres avaient été repérés dans les environs. Bref, les cétacés prenaient vraisemblablement la poudre d'escampette. L'allégresse n'était pas réellement le moteur de leurs bonds aériens…

Un autre comportement associé incorrectement à du jeu est la façon dont les dauphins frappent la surface de la mer. Ils soulèvent de gros jets d'écume en donnant de violents coups avec leur nageoire caudale, et plus rarement la tête, ou en bondissant et en retombant lourdement sur le flanc. Une personne m'a raconté, un jour, que son bateau suivait des grands dauphins depuis un moment lorsque, soudain, un membre du groupe s'était détaché pour l'« inviter à jouer » en martelant la surface avec la nageoire caudale.

Est-il vraiment utile de préciser que le message envoyé par l'animal était plutôt : *Bon, ça va maintenant, il est temps de nous lâcher la grappe, je n'apprécie pas que tu nous suives !* J'ai assisté à des confusions similaires sur les bateaux de dolphin/whale-watching lorsque dauphins et baleines, dérangés par l'approche du bateau, se servent de leur nageoire caudale comme d'un marteau. Il n'est pas rare d'entendre les passagers crier ou applaudir, pensant que les cétacés leur souhaitent la bienvenue.

En somme, l'une des premières clés indispensables pour comprendre qui sont ces dauphins est l'expérience : mais devenir un observateur expérimenté, est-ce suffisant ? Très régulièrement, des personnes qui connaissent mon métier m'envoient de courtes vidéos montrant des cétacés et me demandent de leur dire ce que font les animaux et pourquoi ils le font. Très souvent, trop souvent selon ces mêmes personnes, je leur réponds que je n'en sais rien ! Plus de trente ans passés à étudier ces animaux pour donner ce type de réponse, voilà qui est pour elles difficilement entendable.

Il faut bien comprendre que les dauphins – et c'est vrai pour les animaux en général – disposent d'une boîte à outils comportementale avec laquelle ils expriment de la joie, de l'appréhension, de la curiosité, de la peur, de l'affection, etc. En conséquence, certaines productions comportementales revêtent plusieurs significations. La distinction qui en sera faite tient uniquement au contexte de réalisation de l'action et à la nature de la fin de la séquence comportementale. C'est la situation qui renseigne sur l'action.

Pour bien interpréter les comportements des dauphins et donc les percer, il est primordial de connaître leur biologie, leur physiologie, leur écologie et leur cognition, mais surtout il est nécessaire de contextualiser leurs comportements. Le contexte pour moi ressemble à certains égards au tempo d'un morceau, qui en donnerait une certaine couleur musicale. De manière simpliste et caricaturale, un rythme rapide de séquences comportementales, d'après mon expérience, est souvent associé à des comportements sociaux intenses. Alors qu'une certaine langueur renvoie à des actes plus pacifiques et paisibles. Procéder à un tel décodage exige bien sûr de savoir identifier les séquences comportementales et de connaître leurs enchaînements, leur durée relative liée à des contextes positifs ou négatifs. Tout cela semble très abscons, je le sais. Je vais essayer de vous l'expliquer au moyen de deux anecdotes, l'une ancienne et l'autre très récente.

Les dents de la mer

Hawaï. C'est le week-end ! Mon ami et moi avons passé la nuit sous la tente, sur une plage du nord-ouest de l'île d'Oahu. Nous prenons notre petit-déjeuner composé de fruits colorés et goûteux, et profitons de la vue magnifique sur la baie grise devant nous, qui étincelle bientôt sous les rayons du soleil perçant derrière la montagne. Locaux et touristes commencent à affluer. Ils viennent passer le dimanche à la plage, à grand renfort de volumineuses glacières regorgeant de bières et d'enceintes diffusant une musique tonitruante.

Au milieu de cette effervescence dominicale, j'aperçois des nageoires dorsales qui se dressent dans notre direction. Un groupe important de dauphins à long bec approche. Il y a quelque chose d'étrange dans leurs comportements, dans leurs déplacements, dans leur occupation de la baie. De la peur ? Cela y ressemble. Ils zigzaguent rapidement, se séparent et se regroupent. Mon ami me presse d'enfiler mes palmes, mon masque et mon tuba pour rejoindre les personnes déjà à l'eau avec les dauphins et qui semblent bien s'amuser.

Désireuse de comprendre le comportement des animaux, je m'exécute. Les dauphins à long bec qui fréquentent habituellement le coin ont été rejoints par des dauphins tachetés pantropicaux. Nous sommes dans un bain remuant peuplé de cétacés. Je comprends l'enthousiasme des nageurs : pas besoin de bouger, les dauphins nous encerclent, nous frôlent rapidement… mais en silence. Cette excitation silencieuse des animaux me pose question. Je ne me sens vraiment pas à l'aise, et je sors sous le regard d'incompréhension de mon ami. *Quelque chose ne va pas !* lui lancé-je. Mais, comme je ne peux lui fournir d'explications précises, il décide de rester dans l'eau.

Depuis la plage, j'assiste donc à cette baignade collective auprès de dauphins qui restent vraiment très proches du rivage. Soudain, j'entends plusieurs véhicules arriver précipitamment sur le petit parking jouxtant la plage. À ma grande surprise, policiers, garde-côtes et pompiers débarquent et exhortent les baigneurs à sortir de l'eau. Non sans générer bien sûr confusion et incompréhension.

Que se passait-il ? Nous apprendrons plus tard qu'un nageur avait succombé à une crise cardiaque et que des requins-tigres se repaissaient de sa dépouille à une centaine de mètres seulement de l'endroit où nous nous trouvions. Incrédule, mon ami m'a pressée de questions : *Mince, comment as-tu deviné qu'il fallait sortir ? Je n'en reviens pas, Fabienne, mais comment as-tu su ?* Comment avais-je anticipé le danger ? La vérité, c'était que je l'ignorais moi-même. Ou plutôt si : je m'étais basée sur le comportement différent des dauphins et leur silence. L'enchaînement de leurs comportements n'était pas harmonieux, mais chaotique, indiquant que quelque chose d'intense, de grave sc déroulait. C'était cela qui m'avait mis la puce à l'oreille.

Moby Dick

Voici le second exemple, qui date de fin 2021. À l'île de la Réunion, nous repérons six grands dauphins progressant lentement, mais avec détermination, vers le nord. Notre bateau se place alors parallèlement à leur trajectoire, moteur éteint : je me glisse à l'eau. Une collègue m'accompagne. Les dauphins, tous des adultes, progressent en tandem en *infant position* (un individu sous un autre), ils nous laissent nous approcher dans une relative indifférence. Le courant est fort, nous sommes rapidement fatiguées. Nous regagnons le bateau avec le projet d'une seconde mise à l'eau si les dauphins l'acceptent. Mais, une demi-heure plus tard, les signaux envoyés m'invitent à la prudence.

Quelque chose a changé. Les dauphins nagent plus en profondeur, une dizaine de mètres en dessous de nous. Leur petit groupe s'est resserré. Leur nage n'est pas fluide, leur tension musculaire est perceptible. Ils montent rapidement respirer en surface et replongent. Nous nous en tiendrons là pour aujourd'hui. Sans être capable véritablement de justifier ma décision, je dis à ma partenaire que nous cessons l'observation. Jetant un dernier coup d'œil aux dauphins, je vois l'un d'eux tourner légèrement la tête et ouvrir grand son œil. S'il me fallait un nouveau signe, le voici ! Il est manifeste pour moi que les dauphins vivent une situation anxiogène, bien que je sois totalement incapable d'en identifier la source. Plusieurs heures plus tard, de retour au port, nous apprendrons qu'au nord, dans la direction vers laquelle se dirigeaient les dauphins, un groupe conséquent de requins dévorait une carcasse de cachalot.

Trente années passées à observer, à étudier des dauphins, à m'immerger auprès d'eux, séparent ces deux récits. Prendre le temps de comprendre le contexte de ce que l'on observe, situer l'action et les vocalisations, c'est notre pierre de Rosette à nous, les éthologues, pour traduire le comportement des cétacés. Mais cela exige patience et retenue. J'ai toujours besoin de m'arrêter pour observer les dauphins, et cela peut durer plusieurs minutes, de façon à interpréter ce qu'ils sont en train de faire et s'il est poli, respectueux, voire prudent de s'immerger à leurs côtés. Les personnes qui ont l'habitude de travailler avec moi ne s'en étonnent plus ; pour les autres, c'est plus compliqué. Cependant, sur mes missions scientifiques, j'ai une règle stricte et immuable : seules les personnes qui vont à l'eau décident si elles souhaitent ou non s'immerger et de la durée de leurs immersions. Ce ne sont en aucun cas les personnes restées à bord qui décident pour elles.

Il y a deux leçons à tirer de ce qui précède. La première : s'il vous arrive de croiser des dauphins en mer, voire de nager avec eux, méfiez-vous de votre

« instinct », qui peut vous tromper. La seconde : abandonnez définitivement le stéréotype des dauphins toujours gentils et joueurs. C'est une image tronquée, qui ne reflète absolument pas qui ils sont et oublie notamment de considérer que ces animaux peuvent être en colère, frustrés et violents. Ils ont aussi leurs mauvais jours.

J'ai déjà observé des grands dauphins se poursuivre avec beaucoup d'intensité, se mordre jusqu'au sang et se foncer dessus avec fracas. J'en ai même vu un plaquer un congénère sur le fond pour l'empêcher de remonter respirer en surface. C'est peut-être dur à entendre, mais les dauphins se montrent parfois violents dans la gestion de conflits. Et c'est quelqu'un qui les aime plus peut-être que n'importe quelle autre espèce et qui a passé trois décennies à leur côté qui vous l'affirme. Voilà la réalité, sans fard ni artifice. Alors, prenez le temps de les observer avant de vous immerger.

Pugilats

Il est toutefois rare que ces comportements agressifs surgissent subitement. Ils résultent souvent d'une escalade, d'une intensification de l'affrontement. Parfois, les dauphins s'arrêtent à des attitudes hostiles ou d'intimidation. Ils adoptent notamment une posture en S tout en rôdant à proximité de leur antagoniste.

Ils claquent des mâchoires, agitent la tête avec la gueule ouverte dans sa direction. Le corps tendu comme un arc, ils se déplacent par mouvements rapides et saccadés. Deux dauphins en conflit peuvent littéralement se tenir tête : les cétacés se font alors face, plaçant leurs melons (la partie bombée de leur tête) en vis-à-vis.

Et si toute cette gamme de comportements ne suffit pas, ils passent à l'agression physique, c'est-à-dire aux coups et aux morsures. Les dents coniques de dauphins sont des rasoirs effilés qui laissent des marques, quelquefois sanguinolentes, sur le corps de leur victime. Les coups, quant à eux, sont donnés avec leur puissante nageoire caudale ou carrément en se projetant violemment flanc contre flanc sur leur congénère. Ils peuvent aussi pratiquer des assauts, melon contre melon, tels des cerfs en période de rut. Comme sur un ring, les offensives s'enchaînent rapidement en de courtes séquences de forte intensité.

Dans des conflits très intenses, plusieurs individus se rallient. Deux groupes de dauphins se font face et adoptent les comportements que j'ai cités précédemment. Je ne sais pas si le nombre de belligérants est proportionnel à l'intensité du courroux et à la gravité du conflit, mais il est certain que c'est très impressionnant ! C'est peut-être le but recherché. Dans ces moments-là, les dauphins produisent une variété de sons pulsés, notamment à haute fréquence, et des sifflements qui alourdissent l'atmosphère, la rendant plus pesante encore. Ils envoient un signal fort au reste du groupe qui garde souvent ses distances.

Depuis la fin des années 1990, Denise Herzing consacre une part conséquente de son travail de recherche à la compréhension des productions sonores des dauphins tachetés. Elle a remarqué qu'un son proche d'un gémissement condensé, puissant et bref (moins d'une seconde) est émis entre mâles et femelles lors de jeux sexuels, mais aussi lors de comportements agressifs. Les vocalisations de types « cris » et « aboiements » sont produites par les mâles, quel que soit leur âge, durant des conflits. Les manifestations sonores se font entendre dans des interactions intraspécifiques, entre dauphins tachetés, mais également dans des interactions interspécifiques, entre dauphins tachetés et grands dauphins.

En effet, aux Bahamas, ces deux espèces se côtoient, et l'équipe de Denise a montré que certains échanges hostiles s'accompagnent de vocalisations synchrones et rythmiques. Les grands dauphins émettent alors trois types de vocalisations, des sortes de bourdonnements, produits isolément ou associés à des sifflements ou à des braillements. L'addition synchronisée de toutes les vocalisations accentue l'intensité et la force du message à faire passer. En agissant à l'unisson, les dauphins montrent à leurs adversaires leur solidarité et espèrent les intimider.

L'affrontement n'empêche pas le plaisir. Lors des comportements sociosexuels, il n'est pas rare d'observer un mélange d'attitudes hostiles et bienveillantes (nage synchrone, caresses avec la nageoire pectorale). C'est l'agencement des séquences et leur durée notamment qui indiquent si les comportements sexuels restent des comportements vécus positivement par les dauphins, ou bien si la situation dégénère vers une agression. Il existe toutefois quelques règles auxquelles il est prudent de se tenir. De manière générale, un dauphin qui a peur ou qui n'est pas à l'aise essaie de se mettre à distance ; il est silencieux s'il a peur ; il peut émettre des sons pulsés de mécontentement s'il se trouve dans une situation inconfortable, et il a généralement un œil grand ouvert. Quand vous voyez son œil rond cerclé de blanc, vous pouvez être sûr qu'il n'est pas serein et détendu.

Dans des situations où les dauphins veulent se faire oublier (devant un danger ou lorsque la pression anthropique est trop forte, par exemple face à un nombre envahissant de bateaux ou de nageurs), ils ont tendance à se réunir par petits groupes et à avancer en formation serrée et silencieuse, ne remontant respirer que rarement et de manière extrêmement rapide. Quand j'ai été témoin d'une telle scène, à la seule écoute de la puissance (et donc du bruit) des expirations, je savais alors qu'ils traversaient un épisode de stress.

À Hawaï et plus récemment sur l'île de la Réunion, j'ai eu l'occasion d'observer des groupes entiers de dauphins à long bec, une centaine d'individus, disparaître aux yeux de nageurs ou de passagers des bateaux de whale-watching en l'espace de quelques secondes. En général, dans ces situations, les dauphins nagent en profondeur avec une vitesse de progression variable. En quelques coups énergiques de nageoire caudale, ils s'éloignent rapidement. Ces situations sont éprouvantes pour les jeunes individus, les femelles gestantes ou les sujets vieux ou malades, et il n'est pas rare de les voir faiblir si elles perdurent trop longtemps.

Zafar, le charmeur devenu « frotteur »

L'histoire d'un dauphin, un temps coqueluche des médias, illustre à merveille le discernement que le contact avec ces animaux exige de garder. Zafar est un dauphin mâle adulte, qui a choisi comme lieu de résidence les côtes de Bretagne Sud entre 2017 et 2020. Ce dauphin dit solitaire, car évoluant loin de tout groupe de congénères, a été rendu célèbre par les contacts fréquents qu'il recherchait auprès des nageurs. Certains d'entre eux racontent même avoir eu une relation privilégiée avec l'animal, en manque de relations sociales.

Les grands dauphins sont rarement hauturiers, de sorte qu'en longeant les côtes, il est fréquent qu'ils croisent des humains et interagissent parfois avec certains d'entre eux. Privés de partenaires sociaux, ces animaux construisent des interactions interspécifiques avec des nageurs conciliants ou enclins au contact. Dans le cas de Zafar, la nature et l'intensité de ses sollicitations à l'égard des humains sont allées crescendo. En ayant répondu favorablement aux sollicitations de caresses du cétacé, les nageurs se sont rapidement trouvés face à un animal sexuellement excité ; pour certains, ces moments ont été vécus comme des agressions violentes.

Zafar frottait ses parties génitales ou son pénis en érection sur la coque des bateaux amarrés au port, sur les bouées d'amarrage des embarcations ou sur les nageurs. Or être ainsi assailli par un dauphin mâle de plus de 300 kilos peut créer un certain désarroi et être dangereux. Quand les autorités ont compris que les choses tournaient au vinaigre, elles ont pris des mesures pour réguler les baignades et interdire d'approcher Zafar.

Il faut savoir que les dauphins, les mâles en particulier, lorsqu'ils vivent une excitation positive mais aussi parfois négative (frustration), transforment souvent cet emportement en excitation sexuelle. J'imagine que, en ayant dans un premier temps répondu favorablement à ses sollicitations et donc en l'autorisant en quelque sorte à se comporter de cette manière avec eux, les nageurs ont encouragé Zafar à poursuivre.

L'animal a disparu des côtes bretonnes en 2020, et sa dépouille a été retrouvée quelques semaines plus tard aux Pays-Bas, la nageoire caudale sectionnée et la colonne vertébrale fracturée. Pourquoi avait-il erré, esseulé, avant de se mêler aux hommes ? Il est loin d'être le seul dauphin solitaire (improprement qualifié parfois de dauphin « ambassadeur »). Randy et Jean-Louis ont aussi fréquenté les côtes bretonnes, Dolphi a passé quelques saisons dans le port de Collioure, dans le sud-est de la France, et, aujourd'hui encore, Pare-Batt fréquente les nageurs de la côte varoise. Il est très rare qu'un grand dauphin vive seul, l'origine de cet isolement social inhabituel demeure inconnue : l'animal peut avoir perdu sa mère et avoir été isolé (quoique, souvent, il soit adopté par des femelles de son groupe), avoir été exclu d'un groupe ou avoir choisi de quitter ses congénères ; il peut aussi être malade, etc. Les tribulations de Zafar soulignent la nécessité de mener une réflexion éthique sur la construction d'une amitié anthropo-zoologique avec un animal sauvage. Nous continuons de vivre dans le mythe de *Flipper le dauphin*, la célèbre série des années 1960. Le feuilleton mettait en scène un grand dauphin ou dauphin souffleur. Apprivoisé par Bud et son frère Sandy, le cétacé aidait les deux adolescents à résoudre des énigmes et à sauver des personnes en détresse. Dans les années 1960 à 1980, plusieurs séries télévisées promouvaient les amitiés anthropo-zoologiques : Ben l'ours, Skippy le kangourou, Black Beauty l'étalon noir, Lassie le border collie, ou encore la série *Daktari*, avec notamment un lion qui louche, Clarence, ont ému et fait rêver beaucoup d'enfants. La plupart racontent des histoires d'amitié entre des animaux sauvages et parfois domestiques, et de jeunes humains ; leur collaboration amicale les amène à surmonter des situations dangereuses.

Flipper et son jeune compagnon humain, Bud, ne dérogent pas à la règle. Le fait que ce soit un animal sauvage apprivoisé par un jeune adolescent renforce l'unicité de leur relation. Nombre d'entre nous rêvent encore à une possible amitié entre hommes et animaux. À l'époque de la série, le milieu marin demeurait méconnu pour de nombreuses personnes, et cette créature marine intelligente, amicale, fidèle et bienfaisante a contribué à construire une vision romantique des dauphins.

Or, en s'intéressant aux coulisses de cette émission, il apparaît que Flipper était en fait incarné à l'écran par plusieurs femelles dauphins, dont Mitzi, comme le précise le biologiste marin américain Louis Herman dans un article qui ressemble à une autobiographie. Mitzi a été capturée dans les Keys, en Floride, par le pêcheur Milton Santini, que nous avions déjà croisé à propos de Kea. Comme cette femelle, Mitzi vivait à la Santini's Porpoise School, à Grassy Key. À la mort de cette dernière en 1972, Santini, le cœur brisé, ferma son établissement et ne travailla plus jamais avec les dauphins. Quant à la Santini's Porpoise School, elle est aujourd'hui un centre de recherche sur les dauphins. Alors, pourquoi ce choix de prendre uniquement des femelles pour les tournages ?

La raison évoquée par les dresseurs, tous de sexe masculin, était que les femelles étaient plus dociles que les mâles. Existe-t-il une telle disparité entre les caractères et comportements des dauphins mâles et des femelles ? Ou bien cette explication a-t-elle été donnée par des hommes en charge de dresser des animaux ? Il se pourrait que ce soit un peu des deux. Les dauphins ont des caractères différents, et donc certains sont plus dociles que d'autres. Par ailleurs, à cette époque, les méthodes de dressage utilisaient rarement le renforcement positif (qui consiste à récompenser l'animal quand il réussit la tâche demandée et non à le punir s'il échoue). Dans ce métier d'hommes, et donc assez machiste, il était courant de considérer le dressage comme une domination de l'homme sur la bête, sur le sauvage. Dans ces années 1960-1970, il pouvait alors sembler à ces dresseurs-hommes plus facile de « dompter » une femelle qu'un mâle. Heureusement, tout cela est aujourd'hui révolu. Quoi qu'il en soit, Flipper a été le premier dauphin télévisuel et cinématographique (il y a eu un film aussi) qui a marqué ma génération. Il faut aussi reconnaître qu'il a certainement fait naître des vocations de biologistes et zoologistes marins.

Pour revenir à Zafar, il est permis de se demander dans quelle mesure les comportements des humains à son égard ne l'ont pas conduit à sa perte. Est-il raisonnable d'apprivoiser un animal sauvage de cette façon ? N'aurait-il pas été plus pertinent de faire comprendre au dauphin qu'il était préférable de ne pas interagir avec des humains ?

Les premiers nageurs entrés en contact avec Zafar ont eu le sentiment d'avoir été choisis ou élus par l'animal : ils en étaient très heureux – peut-être assez égoïstement, pourrais-je ajouter. J'ai déjà eu l'occasion de discuter avec de telles personnes, qui se considèrent comme détentrices ou dépositaires d'un savoir transmis par le(s) dauphin(s) : elles « sont autorisées » ou « s'autorisent » à une certaine proximité avec les animaux. Généralement, les mêmes expliquent comment faire pour nager avec les dauphins, elles deviennent souvent des guides ou des maîtres, et témoignent de leur histoire particulière. C'est un processus narcissique bien décrit en psychologie.

Lorsque Zafar a disparu et que sa dépouille a été identifiée, les « proches » de Zafar ont parlé du deuil qu'ils avaient éprouvé à la mort de ce compagnon-partenaire. Sentiment que je comprends tout à fait.

Cependant, certaines interactions sont potentiellement dangereuses pour l'humain et pour le dauphin. Plutôt que fantasmer des intimités (imaginaires) avec celui-ci, nous devrions le laisser décider des modalités de la rencontre et ne pas encourager un comportement qui peut lui être préjudiciable.

ALLÔ DAUPHINS, M'ENTENDEZ-VOUS ?

Comment éviter les malentendus dans nos rapports avec les dauphins ? Comment interpréter correctement leurs façons d'être et éviter dès lors les déboires que j'ai décrits au chapitre précédent ? La question me tracasse depuis toujours. N'existe-t-il pas, caché dans un laboratoire de recherche, une sorte de bible de ces animaux qui décrirait tous leurs comportements, comme un dictionnaire qui traduirait en langage compréhensible leurs actions et leurs attitudes ? Il suffirait de s'y référer pour comprendre pourquoi ils viennent voir ce que font les humains, pourquoi certains mâles tuent des jeunes, etc. Ne serait-ce pas excitant de posséder un tel sésame ? Hélas, ce lexique dauphin-humain n'existe pas. Nous pouvons seulement en rêver. À moins que… Et si nous apprenions aux dauphins à communiquer avec nous ?

Et si nous leur enseignions à rendre intelligible leur langage ? Ou encore, si nous faisions un pas en leur direction pour leur faire comprendre que nous sommes leurs élèves ? Voilà qui sonne comme un scénario de science-fiction... Pourtant, nous avons amorcé un pas en ce sens, et une esquisse de dialogue entre nos deux espèces est en train d'être réalisée.

Parler dauphin

Communiquer avec les dauphins est un vieux rêve. Dans son ouvrage d'anticipation *Un animal doué de raison*, l'écrivain Robert Merle racontait déjà les aventures d'une équipe de recherche qui, dans les années 1960, en pleine guerre froide, travaille sur le langage des cétacés. Très vite, humains et dauphins vont être pris dans ces conflits et enjeux politiques. Si le livre n'est pas uniquement centré sur les deux dauphins, la femelle nommée Bi et le mâle Fa, il n'en reste pas moins que l'auteur en dresse des portraits complexes, empreints d'une grande humanité. Cet anthropomorphisme est d'autant plus accentué que ces deux cétacés parlent le langage des hommes. Sévère dans le jugement qu'ils portent sur les humains, le livre propose des dialogues assez cyniques. Une histoire de pure fiction ?

Pour la partie qui relate la vie dans le laboratoire de recherche et les expériences menées sur les dauphins, l'auteur s'est fortement inspiré du médecin, neuroscientifique et psychanalyste américain John Cunningham Lilly. Passionné par les états modifiés de conscience et le langage des dauphins, ce dernier inventa le caisson d'isolation sensorielle dans les années 1950-1960. Il est aussi connu pour avoir construit un lieu unique dans les îles Vierges de la mer des Caraïbes : une maison amphibie partagée par des humains et des dauphins. Lilly observe cette communauté hybride et expérimente sur les hommes et les cétacés une possible vie commune.

Récemment, l'une de ses anciennes assistantes, Margaret Howe Lovatt, a témoigné sur son quotidien à cette époque. Pendant dix semaines, elle a vécu avec un jeune dauphin mâle prénommé Peter. Elle relate sans concession et de manière crue les assauts sexuels répétés de Peter. Lilly pensait que, pour apprendre notre langage, de jeunes dauphins devaient être exposés longtemps et fréquemment à la présence des hommes. Son choix de faire cohabiter humains et dauphins dans cette maison amphibie servait ce dessein. Ses travaux ont été souvent critiqués, et ses méthodes fréquemment controversées. Peut-être un jour saura-t-on ce qu'il s'est passé dans ce lieu très expérimental ?

Les agressions subies par Margaret étaient, hélas, assez prévisibles. Proposer une compagne humaine à un jeune animal social, en l'occurrence un dauphin mâle, isolé des siens, c'était réunir les ingrédients d'un cocktail explosif mêlant empressement, sollicitations intenses et frustrations chez le delphinidé. Heureusement, la législation actuelle interdit ce type d'expérimentations, pour le bien-être des animaux. À la fin des années 1990, j'ai eu l'occasion de croiser John Lilly lors d'un luau, une fête hawaïenne, donné en son honneur. Je garde le souvenir d'un vieux monsieur, guère loquace mais au regard encore perçant, le cou chargé de plusieurs traditionnels leis de fleurs odorantes, assis à l'ombre d'un imposant koa, cet arbre endémique de l'archipel. J'étais très impressionnée, trop impressionnée, pour lui poser toutes les questions qui se bousculaient dans ma tête. Il est mort en 2001 avec ses secrets.

La bioacoustique à la rescousse

Décrypter le langage des dauphins a motivé et motive encore des générations de bioacousticiens, linguistes et cétologues, qui cherchent à comprendre les vocalisations de ces mammifères marins. Pour cela, les études ont lieu en parc zoologique et en milieu naturel : les dauphins sont parfois munis d'enregistreurs, leurs vocalisations étant par la suite moulinées au moyen de savants programmes. Mais... leur langage n'est pas un langage humain. Il faut donc inventer de nouvelles façons d'analyser leur communication sonore. Des projets scientifiques ont par exemple recours à l'intelligence artificielle. En collectant un très grand nombre de vocalisations associées à des situations précises (des comportements de chasse, de reproduction ou d'agression, etc.), il serait possible d'identifier des vocalisations particulières, des associations de vocalisations ou bien mieux encore des séquences de vocalisations liées à tel ou tel contexte. On saurait donc quelles vocalisations les dauphins utilisent pour chasser, pour se reproduire ou lorsqu'ils se battent. Le début de la compréhension de leur langage. D'autres projets, et c'est notamment le travail de Denise dont je vais parler plus loin, proposent de construire un catalogue de vocalisations qui seraient communément comprises et partagées par des humains et des dauphins. Ceux-ci incrémenteraient ce catalogue au fur et à mesure de leurs échanges. Mais avant toute chose, n'oublions pas que l'émetteur des vocalisations demeure, dans la grande majorité des cas, inconnu. On n'arrive pas à le localiser – ou, devrais-je plutôt écrire, nous n'arrivions pas à le localiser puisque notre système CETOSCOPE a montré qu'aujourd'hui, cela est possible, comme je l'ai expliqué plus haut.

En revanche, certains dauphins semblent disposés à apprendre le langage humain. Il devient alors possible de les interroger sur leur compréhension de la syntaxe de séquences sonores ou gestuelles lors d'un échange avec nous.

Le véritable pionnier à avoir entamé une communication entre dauphins et humains a été Louis Herman (le chercheur hawaïen qui pleurait la disparition de Puka et Kea), avec l'aide de l'équipe de son delphinarium. Les chercheurs ont enseigné à une femelle, Akeakamai, à associer différents objets et actions à des gestes issus du langage des signes. Akeakamai comprenait non seulement le sens des mots/gestes, mais aussi l'ordre dans lequel on les lui soumettait. Par exemple, avec la séquence « Surfboard Person Fetch », Akeakamai saisissait qu'elle devait emmener la personne accrochée à sa nageoire dorsale vers la planche de surf flottant sur l'eau (nous sommes à Hawaï, souvenez-vous). « Person Surfboard Fetch » la faisait rapporter la planche de surf à la personne.

Dans cette construction, dans cette grammaire, la destination est mentionnée en premier, puis vient l'objet à traiter et enfin le type d'action/d'opération à réaliser. Cet ordonnancement maintient l'attention du dauphin, qui doit attendre la fin de la phrase pour interpréter l'instruction et organiser sa réponse. Les performances d'Akeakamai ont été décrites dans de nombreuses productions scientifiques. Si ces séquences de gestes sont remplacées par des séquences de sons, les résultats des dauphins sont aussi brillants que précédemment. Les dauphins comprennent donc l'agencement syntaxique d'une suite de mots, ici des gestes ou des sons.

Toujours à Hawaï, les chercheurs sont allés plus loin. Ils ont appris aux dauphins un geste signifiant « répète » et un autre pour « autre ». Avec « répète », le dauphin devait reproduire le comportement qu'il venait de réaliser ; avec « autre », il devait innover. Cette commande exige de la part du dauphin de conserver en mémoire ce qu'il vient de faire et d'attendre la consigne suivante. Cette étape ayant été franchie très rapidement, les scientifiques ont ensuite présenté aux dauphins quatre instructions avec des combinaisons variables de « répète » et « autre ». Par exemple, le chercheur signait « au-dessus » : en réponse, le dauphin bondissait au-dessus d'un objet et revenait vers lui. Puis le dauphin voyait le geste « autre », et il allait toucher l'objet avec sa nageoire caudale. En parc zoologique, les soigneurs animaliers communiquent de manière identique avec les dauphins, à l'aide de gestes qu'ils ont liés à des actions ou à des objets.

Au delphinarium du Parc Astérix, nous avons tenté de construire une étude sur la communication humain-dauphin en utilisant des symboles, ici des panneaux blancs munis d'une forme géométrique noire. Chacun des panneaux était associé à une action (va chercher, crache…) ou à un objet (cerceau, frisbee…). Toutefois, cette étude n'a jamais abouti : les dauphins ont clairement manifesté de l'ennui. Je pense qu'ils n'ont pas compris pourquoi on s'entêtait à utiliser ces « trucs », alors qu'ils parvenaient tout à fait à se faire comprendre de leurs soigneurs et que ces derniers les comprenaient en retour ! Ils ont manifesté leur ennui de différentes manières : Baily se précipitait vers sa fille et s'occupait activement et exclusivement d'elle, tandis que Guama, lui, disparaissait. Beauty nous lançait un regard noir, Femke battait des records d'apnée, et Aya nous testait en produisant une vaste gamme de comportements… à l'exception de ceux demandés par le symbole figurant sur le panneau blanc. Le message était clair, nous n'avons pas persisté, au plus grand soulagement des dauphins et des soigneurs.

CHAT avec des dauphins

En 2000, j'ai rejoint l'équipe scientifique du Wild Dolphin Project dirigé par Denise Herzing, pour collaborer sur la conception et la réalisation d'une interface homme-dauphin. Nous voulions construire un dispositif avec lequel nous pourrions échanger des signaux sonores en direct avec les cétacés. Des chercheurs de l'université Georgia Tech aux États-Unis ont construit l'appareil nous permettant de concrétiser cette idée. Ils ont conçu un dispositif s'apparentant à une version aquatique, et en plus sophistiqué, d'un traducteur vocal instantané et bi-directionnel (il traite les sons reçus et peut en diffuser). De la forme d'une box Internet, un peu plus grande mais beaucoup plus lourde, il réunit des hydrophones (pour capter les sons), un haut-parleur (pour les diffuser) et un enregistreur reliés à une batterie. Son rôle ? Extraire en temps réel des vocalisations produites par les dauphins des sifflements préalablement appris par le système et les traduire en mots anglais. Comme dans l'expérience précédente, nous avons arbitrairement attribué un signal sonore (un sifflement modifié) à un objet. Ces signaux sonores sont construits artificiellement, ils n'appartiennent pas au répertoire vocal des dauphins tachetés, qui sont néanmoins capables de les reproduire par imitation. Nous les avons implémentés dans le système : dès que le programme les reconnaît, il les traduit pour nous, pauvres humains. Par exemple, le sifflement associé à foulard donne un *scarf* (« foulard » en anglais), et nous l'entendons grâce à des « oreillettes » sous-marines à conduction osseuse, placées au niveau de notre mâchoire inférieure.

L'instrument est appelé CHAT pour « Cetacean Hearing And Telemetry » (ou « Écoute et télémétrie des cétacés », un jeu de mots sur *chat*, qui signifie « bavarder » en anglais). Les expériences ont lieu aux Bahamas avec les dauphins tachetés étudiés par Denise. Concrètement, il faut vous imaginer nageant avec une volumineuse et pesante boîte sur votre poitrine, reliée à un cordon qui entoure votre cou pour connecter les « oreillettes » placées au niveau de votre mâchoire inférieure. C'est un fabuleux outil pour entendre les vocalisations des dauphins, extraire des sons, les traduire en direct en anglais et diffuser des sons aux dauphins.

Comment nous sommes-nous servis de CHAT ? Nous avons créé une situation de communication symbolique avec des dauphins sauvages en plein océan. Nous avons commencé à jouer entre nous, ignorant totalement les animaux au départ. Nous inspirant des jeux des dauphins, nous progressons proches les uns des autres. Quand nous voulons un objet (foulard ou corde) porté par un collègue, nous nous dirigeons vers lui, orientons tout notre corps vers l'objet, pointons dans sa direction avec un bras (comme le font les dauphins lorsqu'ils dirigent leur corps vers la cible de leur attention) et actionnons simultanément sur CHAT le sifflement associé à l'objet. Le sifflement est diffusé dans l'eau grâce au haut-parleur, et le son entendu par retour à nos oreilles est *scarf* ou *rope* (« corde »). Le nageur laisse alors l'objet s'échapper de sa main, et la personne qui l'a requis s'en saisit, joue avec ou initie un jeu interactif avec l'ancien détenteur de l'objet du désir. Les dauphins présents voient ce qu'il se passe et, surtout, ils entendent les sons associés aux actions et aux objets.

Comme nous l'espérions, petit à petit, les dauphins se sont approchés, et nous les avons inclus dans nos interactions. Par exemple, quand un dauphin pointait vers un foulard, nous aussi tournions notre bras vers cet objet tout en générant le sifflement associé. La même chose se déroulait quand il désignait des sargasses, ces algues de couleur brun doré fréquentes aux Bahamas et auxquelles nous avions également attribué un sifflement. L'idée était d'immerger les dauphins dans cet environnement sonore construit et de leur montrer que nous, humains, avions conféré des signaux sonores à des objets de l'environnement. Nous espérions qu'ils reproduisent les sons ou nous disent en langage dauphin ce qu'ils appellent sargasse. Nous avons donc recueilli une petite banque de sons reproduits par les dauphins.

L'équipe de scientifiques de Georgia Tech a rapidement ajouté des sifflements auxquels nous avons attribué la fonction de sifflements signatures pour nous, humains qui interagissons avec les dauphins. Depuis des décennies, Denise a pris l'habitude de produire un sifflement dans son tuba (ne me demandez pas comment… je bois la tasse à chaque fois) quand elle se met à l'eau en présence de dauphins, ou bien lorsque des dauphins s'approchent d'elle. Sa signature sifflée a été intégrée dans CHAT. Avec CHAT, je peux par exemple me présenter (grâce à ma signature), puis demander une sargasse spécifiquement à Denise (grâce à la sienne).

Les analyses sont encore en cours, mais dans un premier travail nous avons pu montrer que des dauphins, des jeunes femelles précisément, étaient particulièrement intéressées par notre jeu avec le CHAT, que des dauphins avaient imité les signaux sonores que nous leur avions proposés. Une première étape majeure dans cette communication homme-dauphin.

Voulez-vous jouer au foulard ?

Pour terminer, je voudrais vous raconter une séquence qui montre que nous devons rester ouverts aux enseignements des dauphins. Nous avions passé un moment à interagir avec eux grâce à CHAT, puis ils étaient partis et, fidèles à leur habitude, avaient disparu avec l'un de nos foulards qu'une jeune femelle avait coutume de chaparder. Voyant le groupe s'éloigner, Denise a pressé le bouton « foulard », générant le sifflement associé. Rien. Aucune réponse. Alors que nous retournions vers le bateau en nageant, un dauphin s'est approché de nous avec ledit foulard accroché à l'une de ses pectorales ! Dans un virage maîtrisé, il a fait glisser l'étoffe et l'a laissée flotter devant nous, avant de disparaître rapidement.

C'était déjà incroyable que le groupe réagisse à retardement, une fois sorti de tout contexte de jeu.

Mais l'identité du dauphin nous a sidérés : ce n'était autre que la mère de notre petite voleuse qui s'était entichée de nos foulards ! Je ne sais pas ce qui s'est passé dans sa tête : peut-être que ce foulard occupait trop sa fille, la détournait d'autres activités, peut-être était-il source de conflit dans le groupe (un foulard pour dix dauphins…). Peut-être avait-elle compris que cet objet était associé à notre présence, ou alors avait-elle appris que, quand nous produisions le sifflement « foulard », cela signifiait que nous le voulions.

Cela reste une anecdote, au sens d'un événement isolé non reconduit dans un protocole expérimental. Cependant, cet épisode a l'intérêt d'ouvrir une petite porte sur une possible communication anthropodelphinienne. On pourrait imaginer coconstruire une interface humain-dauphin avec laquelle nous nommerions, via des vocalisations arbitraires, les objets de l'environnement marin. En retour, les dauphins nous confieraient leurs appellations delphiniennes, ils pourraient nous appeler par notre sifflement signature et nous par le leur. Bâtir un début de conversation, en somme.

Les avancées technologiques, la miniaturisation des dispositifs et l'intelligence artificielle nous aident grandement dans notre quête. Les collaborations et les études interdisciplinaires sont aussi des éléments favorables. Si CHAT vise à établir une communication symbolique entre humains et dauphins, CETOSCOPE identifie l'émetteur des vocalisations. En croisant les deux approches, on peut imaginer, dans les années qui viennent, comprendre quel dauphin s'adresse à qui, ce qu'il lui dit et, si son interlocuteur réagit, ce qu'il lui répond. Là, enfin, nous pourrons commencer à percer les secrets de leur communication.

Pour terminer ce chapitre je voudrais revenir aux baleines à bosse et à leurs chants qui nous semblent étrangement familiers.

Des chants de baleines à bosse ont été enregistrés, analysés et commentés pour la première fois par les biologistes américains Roger Searle Payne et Scott McVae en 1971. Grâce à eux, la communauté scientifique a pu disposer des premiers sonogrammes de ces chants. Mais les chants de ces baleines ne sont pas restés très longtemps dans le petit monde fermé des cétologues, ils ont conquis et alimenté la musique pop pendant de nombreuses années et se retrouvent aujourd'hui dans des extraits musicaux visant à nous relaxer. Ces chants ont la particularité d'être plastiques. Les chanteurs, que des mâles, sont capables d'intégrer dans leurs productions sonores des éléments qu'ils ont entendus. Ils transforment leur chant initial en incorporant des unités sonores produites par des congénères. Or, comme nous l'avons expliqué précédemment, les cétacés sont aussi capables de reproduire les sons entendus dans leur environnement.

Début des années 2000, le professeur de philosophie et musicien-compositeur David Rothenberg propose de jouer de la musique avec les animaux. Il joue de la clarinette avec des oiseaux, des insectes et avec des baleines à bosse. Avec ces cétacés, il utilise un dispositif relativement simple, composé d'un haut-parleur pour diffuser la musique sous l'eau et d'un hydrophone pour enregistrer l'échange. Un peu plus de dix ans plus tard, la musicienne compositrice Aline Pénitot invite des baleines à bosse à répondre à sa proposition sonore dans l'océan Indien au large de l'île de La Réunion. Je vous en ai parlé précédemment. Elle utilise un dispositif similaire à celui de Rothenberg. Ce dernier explique que la musique surpasse le langage car elle abolit les frontières culturelles et interspécifiques et que la baleine et lui deviennent des duettistes. Les deux musiciens racontent que les baleines à bosse sont intervenues dans leurs propositions. Non seulement elles répondent, mais elles incorporent ces propositions dans leur chant, composent, conjuguent et proposent à leur tour. Dans cette écoute et attention partagées, un duo humain-mysticète naît.

Les projets arts, science et environnement sont des manières de porter attention au monde, aux animaux et ce faisant ils questionnent notre place dans ce système. Les artistes sélectionnent des sons, les agencent, composent. Certes, tout cela peut sembler très subjectif mais ce sont autant de témoignages sur notre relation au monde des vivants.

LES DAUPHINS ET NOUS

Les bateaux remplis de touristes pourchassent les dauphins à long bec depuis une demi-heure maintenant. La nageoire dorsale des cétacés émerge parfois de l'eau. Les vacanciers viennent des nombreux hôtels de Waikiki. Pour la plupart d'entre eux, c'est une série de premières. Première fois à Hawaï, première fois sur un bateau, première fois qu'ils nagent avec palme, masque, tuba et gilet de flottaison, première rencontre avec des dauphins. Quand ils finissent par se jeter à l'eau, à quelques mètres des mammifères marins, leur progression est désordonnée et bruyante. Impressionnés par la profondeur sous eux ou épuisés par leurs propres gesticulations, certains commencent à paniquer et appellent leur skipper à l'aide.

Partant de la plage, j'avais nagé en pensant être tranquille pour observer les dauphins. C'est raté. Je suis lasse de ce chaos et décide de regagner le rivage. Quand je sors de l'océan, une forte odeur de crème solaire parfumée à la noix de coco me chatouille les narines. Or je ne mets plus de telle lotion depuis des années, après avoir appris que ces produits chimiques polluaient de façon significative l'océan, parce qu'ils causent des dégâts sur la flore et la faune marine (je me protège du soleil avec un T-shirt à manches longues ou une combinaison de plongée). Comme je ne me suis pas frottée aux nageurs, c'est donc l'eau qui est chargée du produit. J'en suis à présent imprégnée… comme doivent l'être les dauphins.

Je les regarde depuis la plage, désolée par le spectacle. Des touristes poursuivent des dauphins isolés ou des mères avec leur petit, plus lentes à prendre leurs distances car soucieuses de protéger leur progéniture. Je ne peux pas croire que ce type d'activités humaines soit sans répercussion sur le comportement des dauphins. Que ressentent les animaux à l'arrivée des bateaux ? À leur approche ? Comment réagissent-ils à la présence des nageurs ? Je m'imagine un instant à leur place. Est-ce que j'aimerais, au milieu d'un moment de calme, être assaillie par une horde d'envahisseurs ? La comédie humaine qui se joue dans les eaux du Pacifique pose toute la question de notre rapport au vivant.

Cessons de harceler les dauphins !

À vrai dire, je ne suis pas la seule parmi mes collègues à m'interroger sur la pertinence de ce cirque aquatique. Le dolphin ou whale-watching, qui consiste à amener des touristes voir et parfois nager avec des dauphins ou des baleines, répond à une demande toujours grandissante du grand public de se (re)connecter à la nature. C'est une activité très lucrative depuis le milieu des années 1980. Cependant, son essor préoccupe la communauté scientifique, qui s'intéresse à ses effets sur les court, moyen et long termes sur les cétacés. Quarante années de recherche montrent qu'à l'approche des bateaux, les mammifères marins ont tendance à cesser leur activité en cours et à changer fréquemment de direction en effectuant des zigzags dans l'eau. Ils passent plus de temps à se déplacer qu'à socialiser, et, signe d'inconfort, leur rythme respiratoire s'accélère.

Or les dauphins à long bec rejoignent à l'aube les baies peu profondes pour se reposer et socialiser, après avoir chassé une bonne partie de la nuit au large, dans les grandes profondeurs. À la fin des années 1990, j'ai étudié durant trois étés consécutifs l'impact des activités de dolphin-watching sur des dauphins à long bec venant se reposer dans une baie de l'île d'Oahu, là où les touristes les importunaient. J'y ai vu des animaux pris en étau entre des kayakistes et des nageurs partant de la plage ou déversés par des embarcations. J'ai participé à des tables rondes à l'université d'Hawaï, à Honolulu, pour rapporter mes observations et discuter des mesures à prendre. On m'a écoutée, d'autant plus que les États-Unis possèdent déjà un arsenal juridique qui protège contre de telles dérives. En 1972, le pays a mis en place une loi visant la gestion des ressources et la conservation de la nature. Or l'un de ses articles, le *Marine Mammal Protection Act*, stipule qu'il est interdit de harceler les mammifères marins.

Aujourd'hui, ces mesures ne suffisent plus : il est temps de renforcer la législation pour protéger les cétacés. Un peu partout dans le monde sont signées des chartes d'approche pour réguler l'activité de dolphin/whale-watching et limiter son impact sur les mammifères marins. C'est aussi le cas en France. Depuis 2017, sur l'île de la Réunion, l'association CEDTM (Centre d'étude et de découverte des tortues marines) anime le label « Observation certifiée responsable des cétacés » créé en 2013 notamment par les services de l'État. Une brigade nommée « Quiétude » s'assure que les utilisateurs de la mer (plaisanciers, loueurs, plongeurs, associations et opérateurs divers) gardent les bonnes distances à l'égard des dauphins, mais aussi des baleines à bosse quand c'est la saison. Cette équipe est donc garante du suivi des bonnes pratiques : elle vérifie que la charte d'approche est respectée et rappelle aux contrevenants leurs obligations sur le plan d'eau. En Méditerranée, le sanctuaire Pelagos, tout aussi soucieux de protéger la faune marine, distingue par une certification les whale-watchers qui mettent en œuvre des pratiques adéquates à l'égard des mammifères marins. C'est un bon début !

Le 25 novembre 1999, la France, l'Italie et la Principauté de Monaco ont en effet signé un accord relatif à la création de ce sanctuaire destiné à la protection des mammifères marins en Méditerranée. Son entrée en vigueur a eu lieu le 21 février 2002 après la ratification par ces trois pays. Grâce à des conditions hydrologiques particulières, cet espace maritime présente une grande richesse biologique et abrite de nombreuses espèces de cétacés. Sa zone de compétence s'étend sur un vaste espace maritime qui s'étend sur 87 500 km² avec 2 022 km de linéaire côtier. Il englobe la partie maritime du bassin corso-liguro-provençal.

L'accord Pelagos a vocation d'instaurer des actions concertées et harmonisées entre les trois pays pour la protection des cétacés et de leurs habitats contre toutes les causes de perturbations : pollutions, bruit, captures et blessures accidentelles, dérangements.

Son action repose sur trois axes principaux :

1) la connaissance des mammifères marins et de l'impact des activités humaines sur leurs populations ;

2) l'implication des acteurs de la mer pour la recherche de solutions visant à réduire les causes de perturbation ;

3) la sensibilisation de tous les publics et la promotion de comportements respectueux.

Zen dans l'océan

En parallèle à un durcissement de la législation, des alternatives de rencontre des dauphins apparaissent, moins impactantes pour les animaux. Certaines personnes réfléchissent à une façon respectueuse d'approcher les cétacés. À la Réunion, Emmanuel Antongiorgi a créé la société Duocéan, qui propose à ses clients de s'immerger pour observer passivement les dauphins et les baleines. Et cela change tout ! Les nageurs ne sont plus dans la performance, avançant frénétiquement pour rattraper les animaux, mais dans l'attente et l'écoute : ils les laissent venir à eux.

Je suis la démarche d'Emmanuel avec beaucoup d'intérêt et l'encourage autant que je peux. Il fait partie de ces très rares personnes qui, comme moi, attendent que les dauphins à long bec se réveillent pour s'immerger à leur côté. À sa demande, je le nourris de travaux de recherche afin qu'il présente un discours scientifiquement solide à ses clients, qui doivent connaître le b.a.-ba de l'observation des dauphins et des baleines : comment détecter les signaux d'inconfort chez les animaux ? Pourquoi laisser les mères tranquilles quand elles allaitent leur bébé ?

Pourquoi ne pas s'approcher d'un groupe de dauphins en pleine interaction ? Pourquoi ne pas faire d'apnée ? etc. Je reste attentive au développement de son activité qui doit demeurer respectueuse des animaux sans succomber aux sirènes du profit. Un équilibre difficile à trouver.

L'ensemble de ces précautions ne doit pas nous amener à nous voiler la face : nous ignorons toujours comment les dauphins vivent ces situations et si ces activités détériorent ou non leur bien-être. La nage avec les dauphins est une mise en présence anthropozoologique construite, voire forcée, non fortuite ou spontanée, pas toujours choisie par les cétacés. Or ces contacts peuvent être source d'inconfort pour les animaux et ressemblent alors plutôt à des télescopages des univers humain et « delphinien ». Autant de moments qui se transforment rarement en rencontres conjointement approuvées par les dauphins et les humains, au grand dam de tous ceux qui fantasment sur les rencontres avec notre cousin mammifère du *Grand Bleu*…

Donner du sens à l'océan

J'entends souvent dire : « Si les dauphins étaient gênés par notre présence, ils ne viendraient pas. Ils ont un océan immense à disposition. S'ils viennent près des hommes et de leurs bateaux, c'est qu'ils les acceptent. » Peut-être. Mais, même si tel est le cas, cela ne nous autorise nullement à faire n'importe quoi et à nous comporter de façon intrusive et dérangeante. Et puis, peut-être que les dauphins s'approchent des nageurs ou des bateaux uniquement par curiosité, pour voir ce qui arrive, qui nous sommes, ce que nous faisons ; nous interprétons cela de manière erronée comme un intérêt et une invitation de leur part à prolonger l'interaction. L'homme, un animal terrestre, a tendance à penser la mer comme un bloc monolithique immense. Au large, c'est l'océan, point ! Or, pour les animaux marins, c'est un lieu de vie hétérogène dont certains endroits sont plus signifiants que d'autres et dont certaines zones sont vécues comme lieu de repos, de socialisation ou de pêche.

Allons plus loin. Pourquoi ne pas imaginer que les dauphins se souviennent d'avoir vécu à tel endroit des événements positifs ou au contraire négatifs ? Pourquoi cette mise en signification de l'espace de vie serait-elle l'apanage des animaux terrestres ? En plongeant dans l'eau, vous pénétrez dans un monde riche de sens pour les dauphins. Avec l'équipe du Wild Dolphin Project, nous savons par exemple qu'en fonction des lieux où les dauphins tachetés ont été repérés, ils nous prêteront plus ou moins d'attention, et leur motivation pour interagir avec nous en pâtira éventuellement.

Concevoir l'océan comme un patchwork de mises en signification animales nous oblige à considérer de manière différente les actions de protection et de conservation. C'est notamment le cas pour le choix des zones et les limites géographiques des aires marines protégées, qui ne doivent pas être uniquement réfléchies par rapport à la biodiversité présente, mais aussi en termes de lieux signifiants pour les animaux ; comme on peut le faire pour des lieux de nidification, de ponte ou de mise bas, d'alimentation pour les animaux terrestres, par exemple.

À la pêche aux excréments

Un autre point qui me paraît important est de faire reposer ces réflexions sur des bases scientifiques. Quel inconfort éprouvent les dauphins en compagnie des touristes ? Comment apporter une réponse fondée à cette question ? Depuis deux ans, je dirige un projet de recherche à la Réunion qui vise à collecter les excréments des dauphins pour y mesurer les taux d'hormone de stress. La méthode de récolte est totalement non intrusive, puisqu'il s'agit de nager avec un petit pot en plastique stérile dans le sillage d'un dauphin qui vient de déféquer. J'avais déjà réalisé cette opération aux Bahamas avec ma collègue biologiste américaine Denise Herzing. Elle-même recueille les fèces pour analyser l'ADN et établir la généalogie de la population de dauphins tachetés, comme avec les peaux mortes évoquées précédemment.

Ramasser des crottes ? Je ne suis pas certaine que ce soit ce dont rêvaient mes étudiants quand ils ont postulé pour venir travailler avec moi en milieu naturel ! Quoi qu'il en soit, cette méthode a fait ses preuves pour l'ADN, et nous voulons la tester pour doser les glucocorticoïdes fécaux. Produites lors d'événements stressants, ces hormones se retrouvent dans le sang, mais aussi dans les matières non absorbables par l'organisme, et donc en fin de transit intestinal dans les excréments. Le jeune vétérinaire français Karl Mercera a déjà validé, pour son travail de thèse, une méthode d'analyse à partir de prélèvements de fèces de dauphins en delphinarium. Il s'agit donc à présent de tester le protocole de prélèvement et d'effectuer les analyses pour confirmer la pertinence de cette méthode sur des dauphins sauvages.

Les dauphins qui nagent dans le plan d'eau réunionnais paraissent subir une forte et constante pression due aux activités anthropiques, en particulier au dolphin-watching. En dosant le taux de glucocorticoïdes dans leurs fèces, nous allons connaître l'état de stress basal de ces cétacés. Ce projet est mené en collaboration avec l'association réunionnaise Abyss, dont je suis l'une des référentes scientifiques, tandis que les analyses seront assurées par un laboratoire espagnol spécialisé dans ces questions de dosage d'hormones de stress et donc de bien-être animal. Si nous parvenons à valider la méthode et si les premières analyses révèlent un taux de glucocorticoïdes important, j'envisage de poursuivre les récoltes d'excréments sur d'autres espèces de mammifères marins, les baleines à bosse notamment, qui, quand la saison bat son plein à la Réunion, sont très souvent sollicitées par les opérateurs et les plaisanciers privés. Nous disposerions ainsi d'une banque de données incrémentales sur les taux de glucocorticoïdes fécaux de plusieurs espèces de mammifères marins et pourrions suivre leur évolution sur les court, moyen et long termes, en les corrélant à divers facteurs potentiellement stressants pour eux.

Il existe d'autres critères pour tester la bonne santé d'un groupe, même s'ils sont peut-être encore moins visibles. Une communauté saine d'animaux s'adapte aux variations de son environnement, par exemple. Créer, innover, apprendre, transmettre sont autant d'indicateurs positifs. Dans les sciences du bien-être animal, une thématique sur laquelle je travaille depuis déjà plus d'une décennie, nous sommes très attentifs aux processus d'adaptation que mobilisent les animaux : ils témoignent à la fois des efforts dont les animaux font preuve pour s'adapter aux changements survenant dans leur milieu physique et social, et de la satisfaction qu'ils en tirent.

La variabilité comportementale parle aussi en faveur de la bonne santé d'une population de dauphins (et d'animaux en général). Ce qui nous a amenés, mon collègue enseignant-chercheur à Toulouse Raphaël Chalmeau et moi-même, à émettre l'hypothèse que cette diversité comportementale, qui transcende l'animal, son groupe ou son espèce, pourrait être considérée comme un indicateur de la « bonne santé du vivant ».

Goulags aquatiques ?

Et quid du bien-être des dauphins dans les parcs zoologiques ? Quand des gens apprennent que je mène des recherches dans les delphinariums, j'entends souvent une voix accusatrice qui s'élève : « Comment pouvez-vous aimer ces animaux et tolérer qu'on les enferme dans ces prisons ? C'est totalement contradictoire ! » Cela va peut-être vous paraître étrange, mais je n'ai pas de réponse toute faite à apporter. Je vais vous expliquer pourquoi, en commençant par un bref rappel historique, nécessaire pour comprendre où nous en sommes aujourd'hui.

La captivité des cétacés commence au XIXe siècle. Des bélougas capturés dans le golfe du Saint-Laurent, au Canada, sont présentés au public. En Amérique, le P.T. Barnum's American Museum les expose pour la première fois à New York. À la fin du siècle, des bélougas sont envoyés à Londres, au London's Westminster Aquarium, et en Europe de l'Ouest.

En 1912, plusieurs dauphins capturés sur la côte atlantique des États-Unis sont transportés jusqu'à l'Aquarium de New York. Hélas, ces animaux ne survivent pas au transport. Après plusieurs échecs, cinq dauphins rejoignent finalement les bassins new-yorkais. Deux d'entre eux décéderont quelques mois plus tard. Il faudra attendre 1938 pour qu'ouvre le premier établissement hébergeant des dauphins en Floride. Bien que le *Marine Studio* ne soit qu'un lieu de tournage, très vite, le public demande à voir les animaux qu'il accueille. Dix ans plus tard, alors qu'on a compris leur potentiel de dressage, il devient le *Marineland of Florida*, précurseur des delphinariums contemporains. En 1954, son pendant de la côte Ouest voit le jour : le *Marineland of the Pacific* sort de terre. Dans les années 1960, le phénomène s'étend à l'Europe. Le premier delphinarium européen ouvre à Morecambe, en Angleterre, en 1964, le second à Duisbourg, en Allemagne, l'année suivante. À la même époque, la série TV et le film *Flipper* ont traversé l'Atlantique et connaissent le succès que l'on sait. Bref, le grand public veut voir des dauphins.

Forts de cette réussite, des parcs marins décident de présenter des cétacés plus gros, plus impressionnants : les premières orques sont capturées dans le Pacifique Nord et vendues dans le monde entier. Cette industrie s'emballe et dérape. Le Congrès américain adopte en 1972 le *Marine Mammal Protection Act*, que nous avons déjà brièvement évoqué. Dans cette loi, des articles interdisent la capture et la chasse des mammifères marins et décrètent un moratoire sur leur importation, leur exportation, leur vente et celle de leurs produits. Ces mesures sont renforcées par la Commission baleinière en 1976. Or l'Islande, qui a refusé de faire partie de cette commission, continue les captures ces années-là.

Dans la société, des mouvements contestataires naissent au Royaume-Uni en 1970. Il faut dire que le pays compte environ 300 dauphins en captivité dans une trentaine de delphinariums. Les mouvements gagnent en puissance et contribuent à renforcer la législation britannique à l'égard de la captivité des dauphins. Ce fort durcissement des règles entraîne la disparition des delphinariums au Royaume-Uni – le dernier ferme ses portes en 1993. Bien qu'il ne soit pas formellement interdit d'avoir des cétacés en captivité sur le sol britannique, aucun delphinarium n'a rouvert à ce jour. À la fin du XXe siècle, les films *Sauvez Willy* et *Blackfish* accélèrent la prise de conscience. En ce début du XXIe siècle, de nombreux pays européens réexaminent décrets et lois sur la condition animale, et donc sur la captivité des dauphins.

Pour quel bilan ? Aujourd'hui, seuls six pays dans le monde ont interdit la captivité des cétacés : le Chili, la république de Chypre, le Costa Rica, la Croatie, l'Inde et la Slovénie. Alors qu'aucun cétacé n'était présent dans le pays, la Suisse en a interdit l'importation, intégrant ainsi la liste des pays ne détenant pas de dauphins en captivité. D'autres adoptent cependant une tendance inverse : la Chine, le Japon et la Russie capturent et importent de très nombreux mammifères marins sans être véritablement contrôlés. Qu'en est-il en France ?

Depuis le printemps 2021, deux delphinariums présentent des mammifères marins au grand public dans l'Hexagone : Planète Sauvage à Port-Saint-Père, en Loire-Atlantique, et Marineland à Antibes, dans les Alpes-Maritimes. Le delphinarium du Parc Astérix à Plailly, dans l'Oise, en activité depuis 1989, a ainsi fermé ses portes au printemps 2021. Le coordinateur du programme européen de suivi des reproductions de ces animaux a placé les dauphins dans trois delphinariums, en Espagne et en Suède. Depuis 1996, date de mise en application du règlement relatif à la protection des espèces de faune et de flore sauvages par le contrôle de leur commerce, aucun nouveau dauphin capturé en milieu sauvage n'a intégré un delphinarium français. La France compte donc, au moment où je termine ce livre, 23 grands dauphins et 4 orques en captivité.

L'argument principal des défenseurs des parcs aquatiques ? Ces établissements sensibilisent le grand public au monde animal, et donc à sa défense. Une étude récente réalisée dans un delphinarium espagnol, visant à mesurer l'attachement des visiteurs aux dauphins, confirme que 80 % des 33 personnes ayant participé à un programme de nage avec ces animaux avaient le sentiment de s'être attachés à eux et semblaient plus enclins à s'investir dans des actions de conservation de la biodiversité. Les auteurs n'ont pas observé de changement notable dans les comportements des trois dauphins de l'étude, qui aurait pu indiquer un inconfort lorsque les humains étaient présents. La présence de ces derniers n'était ni bénéfique ni aversive pour les cétacés (il s'agit d'une seule étude sur un nombre relativement faible de participants et de dauphins ; il serait donc bon de la répliquer sur un plus grand nombre de sujets humains et animaux, tout en variant la nature et les durées des interactions).

En France, des associations de protection animale dénoncent les conditions de vie des dauphins en bassins et demandent purement et simplement la fermeture des delphinariums et le transfert des animaux vers des enclos marins, trompeusement appelés « sanctuaires ». L'État a créé des sanctuaires marins, par exemple Pelagos en Méditerranée ou Agoa aux Antilles, qui sont des espaces délimités et protégés, non clos physiquement, où les animaux évoluent librement sans être ni nourris ni soignés par les humains : rien à voir donc avec les « sanctuaires » loués par ces associations.

Doit-on fermer tous les delphinariums ? Ma position est qu'il n'y a pas de réponse définitive. Les enjeux économiques, politiques et médiatiques sont nombreux, où bien-être animal et éthique sont confusément avancés et où les convictions personnelles parasitent le débat. Clore les delphinariums, c'est se priver de laboratoires de recherche marins qui nous ont apporté une encyclopédie de savoir sur les dauphins. Je ne serais pas la même scientifique, ni la même avocate de leur cause, si je n'avais pas fait la connaissance de Iwa, Laukani, puis Beauty, Aya, Femke, Baily, Balasi, Guama, Cecil, Bahia, Liya, Ekinox, Galéo, Aïcko, ou plus récemment de Belize, autant de dauphins qui ont transformé ma carrière d'éthologue et m'ont bouleversée en tant qu'humaine.

Pour qui sont ces zoos ?

Ces questions controversées ne concernent pas seulement les parcs aquatiques, mais tous les zoos.

Chaque année, environ un million de personnes visitent aquariums et zoos dans le monde. En Occident, les zoos ont évolué, accompagnant les changements sociaux et culturels des sociétés humaines et la vision contemporaine des animaux comme des êtres sensibles et sentients (la capacité à ressentir les émotions, la douleur, le bien-être, etc., et à percevoir de façon subjective leur environnement).

Les zoos modernes affichent aujourd'hui des objectifs d'éducation, de recherche et de conservation de la biodiversité. Ce qui n'empêche pas les débats entre partisans et opposants anti-zoos de perdurer. Les premiers soulignent le rôle éducatif de ces lieux ou avancent l'utilité des recherches qui y sont faites, tandis que les seconds dénoncent l'exploitation de la faune sauvage par l'homme et la maltraitance que les animaux subiraient par le seul enfermement.

À mes yeux, il n'existe qu'un juge de paix pour décider s'il faut renoncer ou non aux parcs zoologiques : évaluer comment les animaux se portent (santé physique) et se sentent (santé mentale) dans ces lieux. Et ce n'est pas uniquement une question philosophique, mais aussi scientifique ! De fait, des chercheurs travaillent sur la possibilité d'objectiver le bien-être de la faune sauvage captive, en combinant des mesures prises directement sur les animaux – par exemple bilans sanguins, fréquences respiratoire et cardiaque, présence/absence de blessure, de boiterie, mesures qui concernent l'habitat dans lequel vivent les animaux (taille des enclos, espace ombragé, frais ou chauffé, possibilité de se soustraire à la vue des visiteurs) – et des mesures plus indirectes, comme leur motivation à participer aux entraînements, leurs états affectifs, leur diversité comportementale.

La professeure associée à la faculté de médecine et des sciences de la santé au Royaume-Uni, Lisa Yon, a par exemple réalisé un travail formidable sur les éléphants. Elle a construit une grille pour évaluer le bien-être des pachydermes, constituée de plusieurs indicateurs tous validés scientifiquement. Soigneurs, vétérinaires et éthologues acquièrent ainsi des données qualitatives et quantitatives qui visent à statuer sur l'état de bien-être de chaque individu.

Peut-on développer un outil similaire pour mesurer le bien-être des dauphins en parc zoologique ? C'est la mission que s'est fixée le comité de bien-être de l'Association européenne sur les mammifères aquatiques (EAAM) dont je suis l'un des membres fondateurs. Nous avons établi plus d'une cinquantaine d'indicateurs de bien-être en nous fondant sur la physiologie, l'éthologie et la cognition de ces animaux, et nous avons entrepris de les valider scientifiquement afin d'accumuler des données qualitatives et quantitatives objectives. C'est un très long processus mais, après cinq ans de travail, nous disposons d'une grille dans sa version 1 que nous allons tester prochainement dans plusieurs delphinariums. Un bel outil, que j'envisage ensuite, vous l'aurez sûrement deviné, d'adapter aux dauphins sauvages.

CONCLUSION

CROISER LE REGARD DE L'AUTRE

Se glisser dans la peau et dans la tête d'un dauphin est un exercice ardu et exigeant. Il est impératif de couper nos liens avec le monde terrestre, puisqu'il faut s'imaginer vivant nuit et jour immergé dans l'océan avec un appareillage sensori-moteur, des capacités cognitives, une boîte à outils comportementales, certes de mammifères mais marins. Un environnement qu'humains et dauphins ne vivent pas de la même manière. Pour nous, l'océan apparaît souvent comme un lieu récréatif dans lequel on se baigne, on pratique le surf ou la plongée. C'est un milieu considéré comme relativement homogène et qui demeure plutôt mal connu du grand public. Or, pour les espèces marines, cet espace est aussi varié et diversement signifiant que le sont les continents pour nous. Les narvals vivent un monde de narvals, les étoiles de mer un monde d'étoiles de mer... Un seul et même environnement est vécu de manière différente par les êtres qui le peuplent.

Et pour les dauphins ? Ces animaux goûtent les sécrétions de leurs congénères pour se renseigner sur leur statut reproducteur ou leur état de santé. Dans certains cas, l'eau doit avoir une drôle de saveur pour eux, en raison des pollutions chimiques dues aux métaux lourds et aux fragments de plastique flottant entre deux eaux. Certains fonds marins doivent leur sembler nauséabonds ou d'autres douloureusement bruyants. Il existe des lieux vides de toute ressource alimentaire et d'autres aux eaux poissonneuses mais dangereuses, comme les fermes piscicoles ou les filets des chaluts et autres engins de pêche, qui sont responsables de nombreux échouages sur nos côtes. Il suffit pour cela de penser aux nombreux cadavres de dauphins trouvés en hiver 2023 sur notre côte Atlantique.

Maintenant, vous comprenez pourquoi la phrase « S'il ne voulait pas venir nager avec moi, il ne viendrait pas, car il a tout l'océan pour lui » n'a aucun sens. Parfois, les dauphins se retrouvent à proximité des humains parce qu'ils n'ont pas le choix, et savoir s'ils apprécient cet échange est une autre histoire.

Oui, les dauphins sont capables de traiter des informations complexes, de les mémoriser et de les transmettre. Ce ne sont pas pour autant des grands singes aquatiques ou, pire, des frères humanoïdes vivant dans l'eau. Ce sont des êtres sensibles faisant une expérience delphinienne du monde dans lequel ils existent. J'ai essayé, au travers des études présentées dans ce livre, de brosser un portrait juste et nuancé d'eux. Ce sont des animaux sociaux, qui communiquent, élèvent leurs jeunes et pleurent leurs morts.

Personnellement, le long chemin que j'ai parcouru avec ces cétacés, bien que chaotique et aventureux à divers égards, m'a transformée. Il m'a offert la possibilité de devenir, je pense, une personne attentive aux vivants et au monde, et surtout, de rester curieuse. J'ai adoré et j'aime toujours m'immerger dans d'autres cultures, d'autres paysages, d'autres sensations. Ce sont ces expériences qui me permettent de vivre autrement mes rencontres avec les mammifères marins et, j'en suis certaine, de leur poser des questions différentes.

Chemin faisant, j'ai ainsi été invitée par des Indiens Haïda à un *pow-wow* de quarante-huit heures, non loin de Vancouver, pour partager leurs chants, leurs danses et leur préparation des repas, et comprendre leur lien avec la nature. J'ai été conviée à des luaus à Hawaï pour célébrer les liens de chaque humain avec son âme sœur animale. J'ai été initiée au *rock balancing* par un Hawaïen au grand cœur, qui me demandait de garder les yeux fermés pour « mieux écouter les pierres », un exercice de méditation que je pratique encore et qui me rassure, car je les entends toujours.

Un jour, au large des côtes du Sri Lanka, un jeune skipper m'a appris par gestes (car nous n'avions pas trouvé de langage commun) à suivre les trajectoires de cachalots en collant l'oreille et la mâchoire inférieure sur une pagaie en bois, et de cette façon à détecter leurs clics et à repérer leur direction de déplacement (comme quoi, la conduction osseuse, ça fonctionne pour nous aussi !). Toutes ces rencontres ont constitué pour moi autant de points de vue sur le monde. Elles m'ont dispensé une grande leçon d'humanité et de fraternité.

Changer de regard, et oublier notre référence anthropocentrée, est un premier pas vers les altérités animales. J'espère que cet ouvrage vous aidera à franchir ce pas, à adopter un point de vue de dauphin et, ce faisant, à considérer leurs existences en tant que telles. J'ai posé des petits jalons pour vous aider à comprendre ce que signifie vivre dans l'océan avec un corps, un cerveau et un « cœur » (des émotions) de dauphin. J'ai voulu vous bousculer, ne plus vous montrer une subjectivité uniquement vue du dehors, mais essayer de vous amener à comprendre leur existence.

Mais, pour que les mises en présence homme-dauphin se passent dans le respect, des règles de politesse, de savoir-vivre avec le monde sauvage sont nécessaires. Si vous nagez près de dauphins, souvenez-vous de ces mesures de politesse : prendre le temps de les observer, ne pas les poursuivre, ne pas les déranger avec des apnées intrusives, ne pas les provoquer, mais attendre à distance, les laisser venir à vous, les laisser initier l'interaction et la clore. Ne prenez pas leur approche ou leur présence comme un consentement d'interaction.

Dans une interaction homme-dauphin, les dauphins apprennent des humains, ils acquièrent des informations sur qui nous sommes et comment nous nous comportons. Les dauphins observent, apprennent, s'adaptent. Dans certains cas, ces cétacés peuvent par exemple considérer les hommes comme des collaborateurs pour accroître le succès de leurs pêches. Ils apprennent aussi qu'en milieu très bruité, rien ne sert de vocaliser, de sorte qu'ils modulent leurs communications sonores à la baisse.

À la suite de pressions anthropiques fortes, ils comprennent qu'il est avantageux de s'éloigner de la zone et donc de changer d'habitat, avec tous les risques que cela comporte pour la survie du groupe. Dans un groupe de dauphins, chacun réalise des apprentissages, des accommodations, des assimilations, des adaptations qui diffèrent par leur nature et leurs vitesses d'acquisition ou de réalisation notamment. Certains dauphins manifestent des difficultés à s'adapter. Ils nous obligent à dépasser la vision de groupe et à observer l'individu-sujet.

À présent, vous êtes détenteurs d'une connaissance qui vous encourage, vous oblige presque, à comprendre ces étranges et pourtant si familiers animaux en leurs termes et non sous le seul angle humain, à oublier les généralités embarrassantes et fausses, à considérer leurs individualités et leurs subjectivités.

Bref, à vous immerger respectueusement dans *leurs* mondes.

Remerciements

Ce livre a vu le jour grâce à mon éditeur Christian Counillon, qui a su trouver les mots pour que je me lance dans cette aventure. L'écriture a été accompagnée par les conseils bienveillants et toujours très pertinents de Xavier Müller. Je les remercie tous les deux.

La matière première de ce livre est le fruit des nombreuses rencontres que j'ai eu le bonheur de faire en 30 ans de cétologie, rencontres humaines bien sûr et animales aussi. Merci à Birgitta Mercera pour son soutien indéfectible et son amitié, je sais à quel point il est agréable et confortable de travailler en toute confiance grâce à elle. Merci à Denise Herzing, rencontrée lors de mon post-doc en 1997 et avec qui je collabore toujours...une amitié transatlantique solide.

Merci aux soigneurs animaliers du Delphinarium du Parc Astérix, qui ont collaboré par tous les temps aux études scientifiques – et merci aussi pour les pauses chocolatées. Je les remercie très amicalement.

Merci à tous mes étudiants, le travail de certains d'entre eux figure dans cet ouvrage. Merci à mes collègues et partenaires de mission.

Un grand, profond et respectueux merci à tous les grands dauphins, dauphins tachetés, dauphins à long bec, baleines, cachalots, globicéphales, orques, bélougas qui ont bien voulu s'approcher de moi et m'ont laissé les observer. Certains d'entre eux sont nommés dans ce livre, je leur suis extrêmement reconnaissante. C'est grâce à eux que je suis cette chercheuse aujourd'hui… et grâce à mon chat Moka.

La colonne vertébrale de ce livre est la science et plus précisément l'éthologie constructiviste. Merci à mes collègues de la première heure, mes « copains de fac », Raphaël Chalmeau, Pascal Carlier et Jean-Marc Bonzom, tous des chercheurs accomplis aujourd'hui, avec qui j'ai éprouvé et j'éprouve toujours les concepts de cette discipline.

Et enfin un immense merci à ma famille et tout particulièrement à ma mère, à mon frère et à ma presque sœur Evelyne qui font preuve de beaucoup, beaucoup (!), de patience à mon égard. J'ai le bonheur de vivre dans une petite famille unie, merci à vous tous !

Table

PARTIE II
DANS LA TÊTE D'UN DAUPHIN

PARTIE III
DANS LA VIE D'UN DAUPHIN

Cet ouvrage a été mis en pages par

<pixellence>

Achevé d'imprimer en France dans les ateliers
de Normandie Roto Impression s.a.s. (Lonrai)
N° d'imprimeur : 2301158
N° d'édition : 559010-0
Dépôt légal : mai 2023